Judith Kumpfmüller · Dorothea Steinbacher

Die besten Wetter- und Bauernregeln

Alte Volksweisheiten & moderne Meteorologie

HEYNE
LUDWIG

Inhalt

Geschichte der Wetterregeln

Wetterregeln – so alt wie die Menschheit

Schon die frühen Jäger und Sammler waren bei ihren Streifzügen durch die Natur vom Wetter abhängig, und sobald der Mensch Ackerbau betrieb, musste er die besten Zeiten für Aussaat und Ernte herausfinden. Er war also gezwungen, das Wetter zu beobachten und Gesetzmäßigkeiten daraus abzuleiten, denn davon hing sein Überleben ab.

Offenbar ist ihm das gelungen. Doch es dauerte noch sehr lange, bis die ersten Wetterregeln auch aufgezeichnet wurden. Aus allen alten Hochkulturen sind schriftliche Wetteraufzeichnungen, Wetterregeln und auch Wetteraberglaube bekannt – vom alten China über Indien bis nach Ägypten und zu den Griechen und Römern. Überall haben sich Schriftgelehrte mit dem Wetter auseinander gesetzt. Sie schrieben über die Macht des Windes, die Meeresströmungen und zeichneten besondere Wetterereignisse auf. Die einfachen Leute aber, über Jahrtausende des Schreibens unkundig, gaben ihre Wetterregeln von Generation zu Generation mündlich weiter.
Einer, der sich im finstersten deutschen Mittelalter mit griechischer Philosophie und arabischer Wissenschaft auseinander setzte und frühe naturwissenschaftliche Forschung betrieb, war Albertus Magnus (um 1200–1280). In seinem Werk „Über die Beschaffenheit des Windes" ist zum ersten Mal von Bauernregeln die Rede. Er schreibt tradierte Wetterregeln auf – allerdings in lateinischer Sprache. Erst zweihundert Jahre später, um 1500, als man aufbricht in die Neue Welt, als nicht nur die Maler der Renaissance, sondern auch ihre höfischen und kirchlichen Auftraggeber die Natur und das Landleben entdecken, da erscheint in Augsburg Leonhard Reynmanns (auch: Reymann) Wetterbüchlein „Von warer erkanntniss des Wetters" (1505). Es ist die früheste gedruckte deutschsprachige Sammlung von Bauernregeln.
Dank des neu erfundenen Buchdrucks können derartige Büchlein nun in großer Stückzahl relativ billig hergestellt und vertrieben werden. So

gelangen sie allmählich wieder zu denen, deren Erkenntnisse darin aufgezeichnet sind: in die bäuerlichen Haushalte auf dem Land. Ab dem 16. Jahrhundert war die Bauernpraktik, ein astrologisch-religiöser Haus- und Wetterkalender, sehr verbreitet. „In diesem Büchlein wird gefunden/der Bauern Praktik und Regel/darauf sie das ganze Jahr/ein Aufmerken haben und halten", heißt es in der Einführung. Sie enthielt neben kirchlichen Festen und den Heiligentagen Wetterregeln, Termine für landwirtschaftliche Arbeiten, Aderlasstermine, Lostage u.ä. Die erste gedruckte Bauernpraktik erschien 1508, vermutlich in Augsburg; seitdem wurde sie ständig vermehrt und bis in unsere Zeit verlegt.
Zahlreiche ähnliche Bauern- und Wetterkalender entstanden, einer schrieb vom anderen ab, und die Werke erfreuten sich größter Beliebtheit. Einzig, dass viele der einfachen Leute nicht lesen konnten, trübte die Freude an den Kalendern. Deshalb enthielten manche von ihnen mehr Bilder als Text: Für jeden einzelnen Tag des Jahres stand ein Heiliger, dessen Gedenktag an diesem Tag gefeiert wurde, außerdem Symbole für Hitze und Regen, Nachtfröste und den Mondstand. Und weil diese Kalender hauptsächlich aus heiligen „Männchen" bestanden, wurden sie in Österreich Mannderl- oder Mandlkalender genannt.

Der Hundertjährige Kalender

Ein Sonderfall unter den historischen Versuchen, das Wetter vorherzusagen, ist der so genannte Hundertjährige Kalender. Er darf hier nicht fehlen, ist seine Beliebtheit bis heute doch ungebrochen.
Die unter dem Namen Hundertjähriger Kalender bekannten Aufzeichnungen des Abtes Mauritius Knauer sind rund 350 Jahre alt. Knauer, einst Abt des fränkischen Zisterzienserklosters Langheim, wollte es mit seinem „Calendarium oeconomicum practicum perpetuum" den Mönchen ermöglichen, das Wetter in Franken vorherzusagen und diese Erkenntnisse für die klösterliche Landwirtschaft zu nutzen.
Schon während seiner Studienzeit hatte sich der Theologe auch astronomischen und naturwissenschaftlichen Forschungen gewidmet. In seinen Wettervorhersagen ging Mauritius Knauer davon aus, dass der Einfluss der Planeten das Wetter bestimme. Zu den damals bekannten

Planeten zählten die Astrologen neben Saturn, Jupiter, Mars, Venus und Merkur auch Mond und Sonne. Der Abt war überzeugt, jeder dieser Planeten beeinflusse ein Jahr lang, und zwar von Frühlingsbeginn bis Winterende, das Wetter. Also müsse sich das Wetter alle sieben Jahre wiederholen. Und so wählte er exakt diese Zeitspanne für seine Aufzeichnungen: die Jahre 1652 bis 1658. Täglich notierte er das Wettergeschehen, Sonnen- und Mondfinsternisse, beobachtete das Wachstum der Pflanzen, den Fischbestand, das Ungeziefer und das Auftreten von Krankheiten. Der Abt ordnete jedes der sieben Jahre einem Planeten zu, und nach siebenjähriger Arbeit war ein meteorologischer Kalender entstanden, der bald weit über Deutschland hinaus bekannt wurde. Sogar aus Russland wurde das Kloster um Abschriften gebeten.
Erst rund fünfzig Jahre nach dem Tod von Mauritius Knauer wurde der „Immerwährende Hauskalender“ erstmals veröffentlicht. Im Jahr 1721 schließlich kam der findige Erfurter Arzt Christoph von Hellwig auf die Idee, aus dem „Immerwährenden“ einen „Hundertjährigen“ Kalender zu machen. Seitdem ist der Hundertjährige Kalender trotz der Einwände der Meteorologen (siehe Seite 29) das meistgelesene Wetterbuch im deutschen Sprachraum.

Planeten und Wetter nach dem Hundertjährigen Kalender

Saturn *Kalt und feucht*

Obwohl in manchen Monaten ziemlich trocken, sind im Saturnjahr besonders der August und der Herbst verregnet. Es ist daher eher ein kaltes, ungemütliches Jahr.

Jupiter *Warm und trocken*

Nachdem das Saturnjahr mit grimmiger Kälte im Frühling noch lange nachwirkt, wachsen und reifen die Früchte im warmen und fruchtbaren Jupiterjahr oft bis zu drei Wochen später.

Mars *Heiß und trocken*

Das Marsjahr hat den heißesten Sommer mit Waldbrandgefahr und trocken fallenden Flüssen. Das ganze Jahr über gibt es mehr trockene als nasse Tage.

Sonne *Mittelwarm und trocken*
Das Sonnenjahr ist durch und durch mehr trocken als feucht und mittelmäßig warm. Im Sommer sind die Tage heiß, die Nächte aber kühl.

Venus *Warm und feucht*
Das Venusjahr ist jederzeit mehr feucht als trocken, wenn man alle Teile des Jahres zusammennimmt. Es ist zugleich schwül und ziemlich warm.

Merkur *Kalt und trocken*
Das Merkurjahr ist selten fruchtbar. Der Sommer ist unbeständig, der Herbst bringt schon früh Frost. Der Winter ist kalt mit vielen Schneefällen.

Mond *Kalt und feucht*
Zwar kann der Sommer im Mondjahr recht warm werden, insgesamt ist das Jahr aber mehr feucht als trocken und eher kalt als warm.

Die Jahresregenten der nächsten Jahre sind übrigens Mond (2006), Saturn (2007), Jupiter (2008), Mars (2009), Sonne (2010), Venus (2011), Merkur (2012).

Vom Julianischen zum Gregorianischen Kalender

Es liegt nahe anzunehmen, dass die durch Jahrtausende entstandenen Wetterregeln über viele Generationen erprobt und dementsprechend einfach umzusetzen sind: „Das Wetter am Siebenschläfertag sieben Wochen bleiben mag“, ist eine der bekanntesten Wetterregeln. Siebenschläfer ist am 27. Juni, also soll das Wetter dieses Tages bis Mitte August anhalten? Leider ist es so einfach nicht – denn vor gut 400 Jahren wurde unser Kalender durch eine kleine, aber in ihren Auswirkungen nicht unerhebliche Maßnahme verändert.
Bis 1582 hatte bei uns der Julianische Kalender Gültigkeit, benannt nach dem römischen Kaiser Gaius Julius Cäsar. Dieser hatte im Jahr 46 von den Ägyptern das Schaltjahr übernommen, also in allen durch vier teilbaren Jahren einen Tag hinzugefügt. Im Durchschnitt hatte ein Kalenderjahr nun 365,25 Tage, Cäsar war begeistert. Im späten 16. Jahr-

hundert jedoch bemerkte man, dass am festgelegten Tag des Frühjahrsanfangs, dem 21.März, dem Datum der Tag-und-Nacht-Gleiche, Tag und Nacht eben nicht mehr gleich lang waren. Die Astronomen fanden heraus, dass ein Jahr tatsächlich nur 365,2422 Tage lang ist. Pro Jahr fehlten also seit Cäsar 11 Minuten, was sich über gut 1500 Jahre auf zehn Tage summiert hatte. Also verfügte Papst Gregor XIII., dass auf den 4. Oktober 1582 am nächsten Tag der 15. Oktober 1582 folgen sollte. Und so geschah es auch. Die zehn Tage dazwischen wurden einfach übersprungen. Unser Kalender wird seither der Gregorianische genannt. Und die Probleme mit den Wetterregeln fingen – wie wir gleich sehen werden – erst richtig an.

Lostage und Heiligengedenken

Die Wetterregeln lassen sich in verschiedene Gruppen einteilen: Da gibt es die Vorhersagen, die sich auf das Verhalten bestimmter Pflanzen oder Tiere beziehen (siehe Seite 17f.), solche, die von atmosphärischen Erscheinungen ausgehen (Morgen- und Abendrot, Regenbogen, etc., siehe Seite 20f.) und diejenigen, die an bestimmten Tagen des Jahres festgemacht sind – diese stellen die weitaus größte Gruppe dar.

Die Lostage

Als die wichtigsten Tage, sowohl für den Wetterverlauf als auch für andere Ereignisse des Jahres, galten die so genannten Lostage. Ihr Name leitet sich einerseits vom „Losen“ = „Schicksal bestimmen, ein Orakel befragen“, her und hatte schon in der Antike und bei den alten Germanen diese Bedeutung. Doch schon im Mittelhochdeutschen meint „losen“: „horchen, genau zuhören, aufmerken“ – eine Bedeutung, die das Wort bis heute im alemannisch-schwäbischen und im bairischen Dialekt behalten hat. Lostage sind also mantische Tage – in der griechischen Anti-

ke Tage des Sehens und Wahrsagens –, aus deren vorher nicht berechenbarem Verlauf man auf kommende Ereignisse schließen kann, darunter eben auch auf das Wetter.
Interessant sind die Jahrtausende alten Wurzeln dieser Tage, die heute noch so im Kalender stehen. Allen voran sind bei den echten Lostagen die so genannten Zwölfnächte zu nennen. Das sind die Tage und Nächte zwischen Weihnachten und Dreikönig, denen seit der Antike ganz besondere Bedeutung zugemessen wird. Die Christen haben ihre Feiertage entsprechend gelegt und den alten Aberglauben einfach integriert. Nach alter Überzeugung soll der Verlauf dieser zwölf Tage auf den Verlauf der zwölf Monate des folgenden Jahres schließen lassen. Eine bekannte Wetterregel heißt: „Aufs Wetter gib wohl acht von Christtag bis Dreikönigsnacht, es zeigt dir, was das Jahr dann macht.“ In der Bauernpraktik von 1508 nehmen die Voraussagen in den Zwölften den größten Teil ein: „Der Weihnachtstag lost den Januar, Sankt Stephan (26.12.) den Februar, Sankt Johannes (27.12.) den März und so weiter bis auf Dreikönig.“
Im Anschluss daran heißt es, dass die sechs Tage nach Dreikönig weitere Lostage seien, an denen man das vorher geloste Wetter überprüfen könne. Jeder dieser sechs Tage lässt jeweils vormittags und nachmittags auf zwei Monate schließen: „... also der nächste Tag nach Dreikönig lost den Februar vormittags, am Nachmittag den Januar usw.“.
Die im deutschen Sprachraum am häufigsten genannten Lostage führt das „Handbuch des deutschen Aberglaubens“ 1933 auf:

Januar
Neujahr, Makarius (2.), Dreikönige (6.), Antonius (17.), Fabian und Sebastian (20.), Vincentius (22.), Pauli Bekehrung (25.), Petrus (31.).

Februar
Lichtmess (2.), Blasius (3.), Agathe (5.), Dorothea (6.), Valentinus (14.), Petri Stuhlfeier (22.), Matthias (24.).

März
Vierzig Märtyrer (10.), Gregor (12.), Gertrud (17.), Joseph (19.), Benediktus (21.), Mariä Verkündigung (25.).

April
Christian (3.), Georg (23.), Adalbert (24.), Markus (25.), Vitalis (28.), Walpurgis (30. bzw. 1. Mai).

Mai
Florian (4.), Urban (25.).

Juni
Bonifatius (5.), Medardus (8.), Margareta Regina (10.), Barnabas (11.), Vitus (15.), 10000 Ritter (22.), Johannes d. T. (24.), Johann und Paul (26.), Siebenschläfer (27.), Peter und Paul (29.).

Juli
Mariä Heimsuchung (2.), Ulrich (4.), Sieben Brüder (10.), Margareta (13.), Apostel Teilung (15.), Maria Magdalena (22.), Jakobus (25.), Anna (26.).

August
Laurentius (10.), Mariä Himmelfahrt (15.), Bernhard (20.), Bartholomäus (24.).

September
Ägidius (1.), Michael (29.).

Oktober
Dionysius (9.), Gallus (16.), Simon und Juda (28.).

November
Allerheiligen (1.), Martin (11.), Elisabeth (19.), Clemens (23.), Katharina (25.), Andreas (30.).

Dezember
Jodokus (13.), Thomas (21.), Christnacht (24.), Christfest (25.), Silvester (31.). Zu ergänzen wäre im Dezember noch die lokal wichtige heilige Luzia am 13. Sie wird vielerorts anstelle von Jodokus als Tagesheilige für diesen wichtigen Lostag genannt.

Bei genauerer Betrachtung lässt sich auch die Entstehung vieler dieser Lostage belegen. Die meisten von ihnen sind wohl schon vor Hunderten von Jahren wegen ihrer Stellung im Kalender als besondere Tage gekennzeichnet worden. Dazu gehören der Weihnachtstag, Silvester und Dreikönig als Anfang, Mitte und Ende der Zwölften; Neujahr und Silvester als erster und letzter Tag des Jahres.
Aber die Forscher gehen noch weiter. Sie vermuten, dass ein Teil unserer Lostage daher rührt, dass vom alten Tag der Wintersonnwende (24. oder 25.12.) das Jahr in zwölf gleiche „natürliche" Monate eingeteilt wurde und jeweils der erste Tag eines jeden Monats ein Lostag war. Das wären heute also der 24./25. Januar, 24./25. Februar usw. Und tatsächlich stehen an fast jedem der entsprechenden Tage wichtige Lostage im Kalender. Die zweite Gruppe von Lostagen soll dadurch entstanden sein, dass man vom alten Wintersonnwendtag fortlaufend immer 30 Tage abgezählt hat: So kommt man z. B. auf den 60. Tag, der ein bereits vom Griechen Hesiod (700 v. Chr.) genannter Lostag ist, und von der Kirche als Petri Stuhlfeier in den Kalender übernommen wurde. Der 120. Tag ist der Georgstag, ebenfalls ein wichtiger Lostag und so weiter.
Auch eine andere Theorie ist nicht von der Hand zu weisen, dass näm lich ab Jahresanfang auch der 100., der 200. und der 300. Tag als solche magische Lostage galten. Zählt man ab dem 1. März, dem alten römischen Jahresanfang, nach vorne, so ist der hundertste Tag der Medardus-Tag (8.6.), ein bedeutender Lostag mit unzähligen Wetterregeln. Wäre sein Namenstag nicht auf diesen hundertsten Tag gelegt worden, hätte es Medardus wohl kaum zu einem bedeutenden „Wetterheiligen" gebracht. Denn keine der Wetterregeln für diesen Tag lässt sich aus der Legende des relativ unbekannten Heiligen erklaren.

An St. Medard wird ausgemacht,
ob 40 Tag die Sonne lacht.

Wer auf Medardi baut,
der kriegt viel Flachs und Kraut.

Wie' Wetter am Medardustag,
bleibt es sechs Wochen noch danach.

Was St. Medard für Wetter hält,
solch Wetter in die Ernte fällt.

Regnet's am Medardustag,
regnet's noch 40 Tag danach.

Lostage waren natürlich auch alle „Wendetage“: Sommer- und Wintersonnwende, Frühjahrs- und Herbst-Tag-und-Nacht-Gleiche, wobei auch diese antiken Lostage im christlichen Kalender mit wichtigen Heiligengedenktagen belegt wurden. Man denke nur an den Tag Johannes des Täufers, den 24.6., der die heidnischen Feiern zur Sommersonnenwende christlich umdeutete.

Die Heiligengedenktage

Von den Lostagen – den alten Tagen des Wahrsagens – strikt zu trennen sind die Tage, die zwar mit Wetterregeln besetzt sind, aber keineswegs überlieferte mantische Tage sind. Ein großer Teil der bekannten Wetterregeln, wie die berühmte Siebenschläferregel zum 27. Juni oder auch die Eisheiligen vom 12. bis 15. Mai haben mit den Heiligen, die an diesem Tag gefeiert werden, ursprünglich nichts zu tun. In diesen Fällen war es schlicht so, dass aufmerksame Wetterbeobachter etwa feststellten, dass die Witterung, die Ende Juni herrschte, sich viele Wochen danach noch hielt. Und um diese Beobachtung an einem Datum festzumachen, kam der Gedenktag der heiligen sieben Brüder gerade recht – enthielt er doch praktischerweise auch noch die magische Zahl sieben. So wurde eine Wetterregel an diesem Tag festgemacht. Ebenso verhält es sich mit den so genannten Eisheiligen: Die heiligen Mamertus, Pankratius, Servatius, Bonifatius und Sophie sind an sich – pardon – unbedeutend und wären gänzlich unbekannt geblieben, hätten nicht Generationen von Bauern vermutlich irgendwo im weiteren Alpenraum und im südlichen Deutschland festgestellt, dass regelmäßig etwa Mitte Mai die letzten späten Fröste zu erwarten sind. Zufällig fielen diese Frosttage mit den oben genannten Heiligentagen zusammen – schon waren die Heiligen zu „Eisheiligen“ geworden.

„O Papst, was hast du angericht …“

Und nun müssen wir wieder auf Papst Gregor XIII. und seine Kalenderreform zurückkommen. Sowohl die Lostage als auch viele der an Heiligengedenktagen festgemachten Wetterregeln sind ja, wie wir gesehen haben, uralt. Sie stammen jedenfalls aus vorgregorianischer Zeit. Und das bedeutet, dass sie unserem Kalender genau zehn Tage hinterherhinken. Schon kurz nach der Kalenderreform ist das vielen Menschen aufgefallen. „O Papst, was hast du angericht“, klagt schon ein Zeitgenosse Gregors, „mit deinem heillosen Gedicht, das du hast verkehrt die Zeit, dadurch irr gemacht uns arme Leut, das wir nun mehr kein wissen haben, wenn man soll pflanzen, säen und graben. Haben uns gericht in das Jahr nach unser Bauren Regel zwar. Das will jetzunder nimmer sein, Ursach weil du mit falschem Schein hast gemacht ein Neuen Kalender …“ Schon wenige Jahre nach der Kalenderreform kommt zwar das Büchlein „New Losstäg“ von Johann Rasch heraus. Er hat das Problem erkannt und schnell die Termine der alten Lostage auf das neue System umgerechnet. Doch die Verwirrung ist und bleibt groß, zumal der Autor empfiehlt, einige Lostage umzurechnen und andere beizubehalten. Zum Martinstag schreibt er etwa: „Losung von Winterwetter und neuen Wein müssen nach der Zeit gerichtet werden, aber die Gäns werden nit verlegt“ …

Wann treffen die alten Wetterregeln zu?

Kurz – manche Lostage schaffen die Verlegung um zehn Tage, andere nicht. Ebenso geht es den Heiligengedenktagen und den mit ihnen verbundenen Wetterregeln. Leider weiß man heute nicht mehr genau, welche nun wie behandelt wurden. Da hilft nur Ausprobieren. Trifft eine Regel in mehreren Jahren an dem Datum zu, an dem sie im Kalender steht oder zehn Tage später? Moderne Meteorologen haben das jahrelang mit wissenschaftlicher Akribie gemacht – die Ergebnisse finden Sie kurz zusammengefasst ab Seite 27. Nur so viel sei jetzt schon verraten: Die Siebenschläferregel stammt aus vorgregorianischer Zeit. Sie müsste um zehn Tage nach hinten verlegt werden, also auf den 7. Juli.

Namenstage und Wetterregeln

Und noch eine Reform muss man beachten, wenn man heute Wetterregeln anwenden will, die mit Heiligengedenktagen verknüpft sind. Das zweite Vatikanische Konzil (1962–1965) hat viele Namenstage von ihrem ursprünglichen Datum auf einen anderen Tag im Jahr verlegt. Und das kam so: In den frühen Jahrhunderten der katholischen Kirche war es eine Hauptsorge der Verantwortlichen, die zahlreichen „heidnischen" Bräuche im Jahr zu bekämpfen – vom Mittsommerfest bis zum dunklen Mithraskult im Winter gab es viele Anlässe, mit Dämonen und fremden Göttern, Hexen und Geistern in Verbindung zu treten, sie zu bannen oder um Gnade zu bitten. Vielen dieser Umtriebe wurde die Kirche nicht Herr, sodass sie kurzerhand bedeutende christliche Heilige mit diesen Tagen in Verbindung brachte und die Namenstage entsprechend festlegte.

Heidnische Bräuche an christlichen Feiertagen

Nicht umsonst wurde beispielsweise einst der Tag des heiligen Thomas auf den 21. Dezember gelegt – die dunkelste und längste Nacht des Jahres war mit zahlreichen kultischen Handlungen besetzt. Und der ungläubige Thomas passte, salopp gesagt, hervorragend dazu. Nur wurden die dunklen Umtriebe in der Folge einfach dem Apostel Thomas gewidmet. So machte sich z. B. in manchen einsamen Gegenden in der Thomasnacht die Schreckensgestalt des „Bluadigen Dammerl", des „Blutigen Thomas", in blutbesudelter Kleidung auf den Weg durch die Dörfer, um mit einem Hammer bewaffnet nicht nur die Kinder in Angst und Schrecken zu versetzen. Das Gleiche gilt etwa für die Walpurgisnacht, die Nacht vor dem ehemaligen Namenstag der heiligen Walburga am 1. Mai. Die Nacht gilt bis heute als Freinacht, in der allerhand Unfug angestellt werden darf, in der sich aber auch allenthalben die Hexen an ihren Tanzplätzen treffen und eine Bedrohung für die Menschen darstellen.
Diese und andere „heidnische" Bräuche ließen sich aber trotz der Belegung der Tage mit christlichen Festen nicht verdrängen. Sie waren der katholischen Kirche über Jahrhunderte ein Dorn im Auge und lieferten einen Grund für die Neuregelung des liturgischen Jahres, die auf dem zweiten Vatikanischen Konzil beschlossen wurde. Die Namenstage

waren außerdem nicht nur Tage kultischer Handlungen. Die wichtigsten Heiligenfeste waren größtenteils arbeitsfrei, und bis ins 16. Jahrhundert hatte manche Diözese mehr als hundert Sonn- und Feiertage, hinzu kamen noch die verschiedenen Kirchweihfeste. Im 17. Jahrhundert setzte Papst Urban die Zahl der Feiertage auf 34 fest, später wurden einige davon noch zu „halben Feiertagen" herabgestuft.

Verlegung der Heiligengedenktage

Die Neuregelung des Zweiten Vatikanums stellte nun die Bedeutung des Sonntags vor die zahlreichen Heiligenfeste. Die Feste der Heiligen sollten nicht mehr das Übergewicht haben, und nur noch Heilige von gesamtkirchlicher Bedeutung durften gefeiert werden. Auch einige Heiligentage, die in die Fastenzeit fielen (z. B. Gregor der Große am 12. März), wurden verlegt, ebenso sollte die letzte Adventwoche von Heiligenfeiern frei bleiben. So wollte man das Augenmerk mehr auf die großen kirchlichen Feste Ostern und Weihnachten legen.
Durch die Neuregelung der Gedenktage werden die Heiligen an ihrem Todes- oder Begräbnisstag oder, wenn diese nicht bekannt sein sollten, an einem bedeutenden Tag in ihrem Leben verehrt. Und so kam es, dass z. B. der Namenstag des heiligen Thomas kurzerhand vom 21. Dezember auf den 3. Juli verlegt wurde. Mitten im Hochsommer, so hoffte man, würde von den dunklen Riten des Mittwinters nichts übrig bleiben. Vielen Heiligen, die mit Bauernregeln in Verbindung gebracht werden, erging es ebenso. Gregor der Große muss jetzt am 3. September gefeiert werden, die heilige Walburga am 25. Februar. Nur – bis heute wird allgemein der 21. Dezember als „Thomastag" bezeichnet und die Nacht auf den 1. Mai heißt nach wie vor Walpurgisnacht.
Weil sich natürlich auch die überlieferten Wetterregeln auf die ursprünglichen früheren Namenstage beziehen, werden in diesem Buch die wichtigsten Heiligenfeiertage auch an ihrem alten Datum berücksichtigt. Sie sind in Klammern gesetzt und durch den Vermerk „früher" gekennzeichnet. Denn Gregor zeigt nun einmal im März „dem Bauern an, dass im Feld er säen kann". Wenn der Bauer mit der Aussaat bis zum jetzigen Namenstag am 3. September warten würde, wäre es um die Ernte schlecht bestellt. Und der „bluadige Dammerl" treibt, ungeachtet aller Neuerungen, an vielen Orten noch immer am 21. Dezember sein Unwesen.

Die Singularitäten

Eine Besonderheit unter den Wetterregeln sei hier noch erwähnt, die zwar an bestimmten Perioden des Jahres festgemacht ist, aber weder mit Los- noch mit Heiligentagen zu tun hat und uns deshalb schon in das folgende Kapitel über Pflanzen und Tiere als Wetterpropheten führt. Es sind die so genannten Singularitäten (von singularis = einzeln, vereinzelt) – Wettererscheinungen, die zwar regelmäßig jedes Jahr vorkommen, aber innerhalb eines Jahres singulär, also einmalig sind. Dazu zählen etwa die schon erwähnten Eisheiligen, das sind Tage und Nächte, die nach einem oft trügerisch warmen April und Mai in der Mitte des Wonnemonats noch einmal Nachtfröste bringen können, die der Obstblüte und zu früh ins Freie gebrachten empfindlichen Pflanzen schaden können. Kurz darauf folgt im Juni die Schafskälte, ein Kaltlufteinbruch, der im schönsten Frühsommer mit großer Wahrscheinlichkeit eintritt. Er hat sich unter anderem in folgender Bauernregel niedergeschlagen: „Wer seine Schafe schert vor Bonifaz (13.5.), dem ist die Woll lieber als das Schaf" – wer seine Schafe zu früh ihrer wärmenden Wolle beraubt, lässt die armen Tiere dann bitterlich frieren. Im Juli und August folgen die Hundstage. Zwar schwitzen auch deutsche Hunde dann unter Umständen ganz erbärmlich, ihren Namen haben die Hundstage aber von dem Stern Sirius, der am Beginn der Hundstage, dem 24. Juli, zum ersten Mal im Sternbild des Großen Hundes am Morgenhimmel sichtbar wird. Im Herbst folgt dann der Altweibersommer, eine Periode von spätsommerlichem mildem Schönwetter in der zweiten Septemberhälfte. Und auch auf die letzte Wettersingularität des Jahres ist meist Verlass: Das gefürchtete Weihnachtstauwetter lässt die weiße Pracht, die schon im November und Anfang Dezember gefallen ist, kurz vor dem Christfest mit überraschend milden Temperaturen zunichte werden.

Pankrazi, Servazi, Bonifazi sind drei frostige Bazi,
und am Schluss fehlt nie die kalte Sophie.

Hundstage hell und klar
zeigen an ein gutes Jahr.

Tiere und Pflanzen als Wetterpropheten

Früher glaubte man fest daran, dass Tiere durch ihr Verhalten zeigen, welches Wetter zu erwarten ist. Daraus sind zahlreiche Wetterregeln entstanden, die bis heute ihre Gültigkeit haben und nicht selten durch wissenschaftliche Beobachtungen bestätigt werden.

So nutzten die Bauern den Flug der Schwalben, um das Wetter vorherzusagen. Sie wussten: Fliegen die Schwalben niedrig, wird das Wetter schlecht, fliegen sie dagegen hoch, kann mit einer Schönwetterperiode gerechnet werden. Heute lässt sich diese Beobachtung wissenschaftlich begründen. Bei sonnigem Wetter steigt die warme Luft nach oben – und damit auch Insekten, von denen sich die Schwalben ernähren. Die Vögel folgen also ihren Leckerbissen in die Höhe. Frischt vor einem heranziehenden Tief der Wind auf, bleiben Fliegen und Mücken und damit auch ihre Jäger näher am Boden. An den Küsten galt die Möwe als verlässlicher Wetterbote: „Wenn die Möwen zum Land hinfliegen, werden wir Sturmwetter kriegen“, diese Regel wird durch das Flugverhalten der Vögel bestätigt. Wenn der Luftdruck sinkt, brauchen sie mehr Ruhepausen. Vermutlich machen der niedrige Luftdruck und die dünnere Luft das Fliegen beschwerlicher.

Die Bauern sagten Regen voraus, wenn die Gänse auf einem Fuß standen, Regenwürmer aus der Erde kamen oder die Hühner die Schwanzfedern hängen ließen. Auf dem Feld brauchte man nur die Kühe zu beobachten, denn: „Wenn die Kuh das Maul nach oben hält im Lauf, so ziehen bald Gewitter auf“. Dieses Verhalten liegt an den lästigen Insektenstichen. Bei großer Hitze und feuchter Luft sind die Mücken am aktivsten. Die Kuh versucht dann, den Plagegeistern mit hochgestelltem Schwanz und erhobenem Kopf zu entkommen.

Auch die Spinnen wurden zur Wettervorhersage herangezogen. Sie bauen am Morgen ein Netz, um es abends zu verspeisen. Steht Regen bevor, wird kein neues Netz gebaut. Vom Verhalten der Tiere wurde auch der Verlauf der Jahreszeiten abgelesen. So war man nicht erfreut „wenn im Februar die Mücken schwärmen“, denn dann „muss man im

März die Ohren wärmen". Auch der Boden wurde genau beobachtet, denn: „Wirft der Maulwurf im Januar, dauert der Winter bis Mai sogar". Die Tiere des Waldes bekamen das Wetter natürlich noch deutlicher zu spüren als beim Haus lebende Tiere: „Glatter Pelz beim Wilde, dann wird der Winter milde", und: „Baut die Ameise hoch ihr Haus, fällt der Winter trocken aus". Auch Steinböcke oder Gämsen galten als wichtige Hinweisgeber vor dem nahenden Winter. Zogen sie talwärts bis unter die Baumgrenze, dann stand der erste Schnee kurz bevor. Und wenn die Wühlmäuse im Garten besonders wüteten, nahm man an, dass sie sich durch das eifrige Wurzelsammeln rechtzeitig auf einen harten, langen Winter vorbereiteten.

Wetterregeln mit Tieren

Tanzen im Januar die Mucken,
muss der Bauer nach dem Futter gucken.

Wenn die Mücken tanzen und spielen,
sie morgiges gutes Wetter fühlen.

Ist die Spinne zu träg zum Fangen,
Gewitter bald am Himmel hangen.

Wenn im Juli die Ameisen ungewöhnlich tragen,
wollen sie einen frühen und harten Winter aufsagen.

Wenn der Kuckuck im August noch schreit,
so gibt es im Winter eine teure Zeit.

Neben den Tieren wurden auch die Pflanzen genau beobachtet, um ihre Zeichen für die Wettervorhersage zu deuten. Wer sich in der Natur auskannte, der konnte an Bäumen, Sträuchern und Pflanzen ablesen, ob sich das Wetter veränderte, ein Gewitter im Anzug war oder das Wetter schön blieb und die Ernte beginnen konnte. Noch heute kann man mit einem Blick auf die „Sonnenbräute" im Garten erfahren, ob der Tag Regen bringt. Zu diesen sonnenliebenden Blumen aus der Gattung der

Korbblütler gehören Ringelblumen, Gänseblümchen, Kamille, Löwenzahn und Wegwarte. Diese Pflanzen schließen bei bevorstehendem Regen ihre Blütenkörbchen, um sie vor Nässe zu schützen. Besonders auf Ringelblumen und Gänseblümchen ist Verlass. Sie öffnen ihre Blüten am Morgen erst gar nicht, wenn schlechtes Wetter bevorsteht. „Die Ringelblume hat was Gescheites. Wenn sie morgens nach sieben Uhr noch geschlossen ist, dann regnet es gewiss noch an diesem Tag", wusste auch Pfarrer Kneipp. Disteln spreizen bei sonnigem Wetter die Stacheln des Distelkopfes. Steht Regen bevor, schmiegen sie sich eng an. Der Adlerfarn krümmt seine Blätter vor kommendem Regenwetter nach oben, bleibt es dagegen trocken, hängen die Blätter nach unten.
Ein verlässlicher „Regenmelder" ist auch der Sauerklee. Er faltet dann seine Blätter zusammen und stellt die Blattstiele aufrecht. Sind die Blätter der Kirschbäume eingerollt und hängen herab, ist das ein sicheres Anzeichen für Regenwetter. Überhaupt galten Bäume seit alters als wahre Wetterpropheten. Strömen Birken einen besonders würzigen Duft aus oder duften die Blüten der Linden intensiver, ist das ein verlässliches Anzeichen für baldigen Regen. Ahornbäume, Erlen, Espen, Weiden oder Rosskastanien kündigen Regenwetter schon Tage oder Stunden vorher durch „Tränen" an. Ursache für dieses Phänomen ist der Abbau des überschüssigen Wassers durch Verdunstung. Steigt die Luftfeuchtigkeit an, behindert das die Transpiration und das Wasser tritt in Form von Tropfen aus den Blattstielen oder Blättern. Bei den Nadelbäumen zählt die Fichte zu den verlässlichen Wetterpropheten. Bereits Stunden vor dem kommenden Regen senkt sie ihre Zweige.
Aber auch längerfristige Vorhersagen wurden mit Pflanzen getroffen: „Ist der Nussbaum früchteschwer, kommt ein harter Winter her", doch: „Fließt im Dezember noch Birkensaft, dann kriegt der Winter keine Kraft", und: „Viele Eicheln im September, viel Schnee im Dezember". Verliert ein Baum früh sein Laub, folgt ein milder, kurzer Winter. Einen kalten, strengen Winter erwartete man, wenn die Blätter sehr lange am Baum blieben. Den nächsten Winter versuchte man auch anhand der Königskerze vorherzusagen: Hatte sie viele Blätter und begann erst weit oben zu blühen, so würde der Winter spät einsetzen. Standen die Blüten tief am Stängel, wusste man, dass früh der erste Schnee fallen würde und ein strenger Winter zu erwarten sei.

Wetterregeln mit Pflanzen

Siehst du im März gelbe Blumen im Freien
magst du getrost deine Samen streuen.

Fällt das Buchenlaub früh und schnell,
wird der Winter streng und hell.

Viele Buchnüsse und Eicheln,
dann wird der Winter nicht schmeicheln.

Blüh'n im November die Bäume aufs Neu',
währet der Winter bis zum Mai.

Wettervorhersagen nach der Natur

Am naheliegendsten ist es natürlich, aus allen Erscheinungen am Himmel auf das Wetter zu schließen. Deshalb gehört die Wetterdeutung nach atmosphärischen Phänomenen wohl zu den ältesten Versuchen der Vorhersage. Morgen- oder Abendrot, Regenbogen, Wind, Nebel und Tau, alles wurde in die Wetterbeobachtungen miteinbezogen. Besonders in den frühen Morgenstunden ließ sich viel über das Wetter am kommenden Tag erfahren, denn man wusste: „Morgennebel im Sommer kündigen Gewitter an", und: „Geht die Sonne feurig auf, so folgen Wind und Regen drauf". Zeigt sich die Sonne dagegen am Morgen als goldene Scheibe, bleibt es schön. Auch „grauer Morgenhimmel und roter Abendhimmel versprechen schönes Wetter". Und eine der ältesten Wetterregeln besagt: „Abendrot – Gutwetterbot, Morgenrot – Schlechtwetter droht". Heute weiß man: Ursache für Morgen- und Abendrot ist eigentlich das gleiche Phänomen: Wenn die Sonne nur knapp über dem Horizont steht, bringt sie Partikel in der Luft zum Leuchten. Da in unseren Breiten der Wind meist aus Westen weht, bedeutet das, wir sehen Himmel und Wolken im Osten, die sich mit dem Westwind von uns entfernen. Anders beim Morgenrot: Da die Sonne im Osten aufgeht, leuchten beim Morgenrot vor allem Wolken und feuchte Luft, Vorboten einer Regenfront, die der Westwind dann zu uns treibt. Diese Regel gilt allerdings nur bei Westwind. Wenn der Wind aus Osten weht, dann kann das Abendrot auch ein Vorzeichen für Schlechtwetter sein.

Waren die Wiesen an einem Sommermorgen mit Tau bedeckt, freute sich der Bauer, denn er wusste: „Wenn's im August stark tauen tut, bleibt das Wetter meistens gut", und: „Der Tau ist dem August so Not wie jedermann sein Brot". Und während ein Regenbogen am Morgen dem Schäfer Sorgen machte, galt: „Regenbogen am Abend ist dem Schäfer labend". Der Grund: Ein Regenbogen entsteht durch die Brechung des Sonnenlichts an den Regentropfen. Deshalb ist er nur auf der regenabgewandten Seite zu sehen, also am Morgen im Westen, am Abend im Osten. Da Regenwolken meist von Westen nach Osten ziehen, bedeutet der Regenbogen am Morgen, dass Regenwetter heranzieht, während ein Regenbogen am Abend, also im Westen, erst nach dem Schauer zu sehen ist.

Auch der Wind wurde genau beobachtet. Die frühesten bekannten Wetterstudien beschäftigten sich ausschließlich mit dem Wind als Verursacher allen Wetters. „Ostwind bringt Heuwetter, Westwind bringt Krautwetter, Südwind bringt Hagelwetter, Nordwind bringt Hundewetter". Und während man sich im April über Nordwind freute („Bläst im April der Nord, so dauert gutes Wetter fort") warf man im Juni eher einen besorgten Blick in den nördlichen Himmel („Wenn der Nordwind weht im Junius, bald Gewitter folgen muss").

Was sagen die Meteorologen dazu?

Was man früher aus Erfahrung wusste, erklären die Meteorologen heute wissenschaftlich so: Kommt der Wind aus West oder Nordwest, also aus Richtung Atlantik, Island oder Grönland, führt er maritime Polarluft, d.h. Wolken und Regen mit sich. Dadurch wird das Wetter im Sommer kühl, im Winter mäßig feucht-kalt. Ostwind bringt aus Russland, dem Balkan oder Skandinavien kontinentale Polarluft mit wenig Wolken, das führt im Sommer zu Wärme, im Winter zu eisiger Kälte. Weht der Wind aus Süd

und Südwest, also aus Richtung Azoren und Mittelmeer, bringt er subtropische Luft mit vielen Wolken und Regen. Dadurch wird es im Sommer schwülwarm, im Winter wird das Wetter mild.
Auch längerfristige Vorhersagen hat man aufgrund von Naturbeobachtungen gewagt: „Nebelt's an St. Kleophas (25. September), wird der Winter sicher nass“, oder: „So viel der März an Nebel macht, so oft im Juni Donner kracht“. Mit hoher Wahrscheinlichkeit treffen diese Regeln zu: „Oktober rau – Januar flau“, und: „Ist der Oktober warm und fein, kommt ein scharfer Winter drein, ist er aber nass und kühl, mild der Winter werden will“. Entscheidend ist nach Ansicht der Meteorologen vermutlich die Ausgangssituation für die Winterwetterlage. Kommt es im Oktober häufig zu Hochdruckwetter, muss man im Januar mit einer ähnlichen Wetterlage rechnen. Sie sorgt im Herbst für viel Sonnenschein und Wärme, bringt aber im Januar eisige Kälte. Voraussetzung ist, dass der Oktober um mindestens 2 Grad kälter ist als im Vorjahr. Dann wird der Winter mit einer 70-prozentigen Wahrscheinlichkeit zu warm. Ist der Oktober dagegen um mindestens 2 Grad zu warm, ist zu 90 Prozent ein kalter Winter und vor allem ein kalter Januar zu erwarten. Der Grund dafür ist auf dem Balkan zu suchen. Strömt von hier aus im Oktober warme Luft nach Deutschland, bestimmt dieses Hochdruckgebiet unser Wetter auch drei Monate später. Dann fließt im Januar wieder Luft aus Südosteuropa zu uns und bringt diesmal kalte Luft aus Sibirien mit sich.

Wetterregeln aus Naturbeobachtungen

Im Mai viel Wind,
begehrt des Bauern Gesind.

Morgenrot am Neujahrstag,
Unwetter bringt und große Plag.

Wenn im März viel Nebel fallen,
im Sommer viel Gewitter schallen.

Bringt der November Morgenrot,
der Aussaat viel Regen droht.

„Vor Blitz und Ungewitter verschone uns, o Herr!"

Ebenso alt wie der Versuch, durch genaue Wetterbeobachtung Gesetzmäßigkeiten zu finden, ist vermutlich das Bestreben des Menschen, das Wettergeschehen zu beeinflussen. Bis vor wenigen Jahrzehnten war zumindest die einfache Landbevölkerung davon überzeugt, dass ungünstiges Wetter wie Sturm, Gewitter, Hagelschlag, lange Regenperioden im Sommer und lange Dürreperioden von Gottheiten gesandte Strafen darstellen. Mit den naturwissenschaftlichen Zusammenhängen nicht vertraut, versuchten so schon die Menschen der Antike, ihre Wettergötter durch Opfergaben und rituelle Handlungen günstig zu stimmen, und die Christen taten es ihnen über zwei Jahrtausende gleich. Mit dem Unterschied, dass sie nicht verschiedenen Gottheiten opferten, sondern dem dreifaltigen Gott und einer Reihe von Heiligen, die ebenfalls für das Wettergeschehen „zuständig" waren. Wetterhexen und Wetterdämonen mussten gebannt werden, um sie von ihren Untaten abzuhalten. Gewitter als „Strafgericht Gottes" konnte eben auch bedeuten, dass Gott die bösen Geister, die in den Unwettern wüteten, aus Zorn über die Menschen nicht von ihrem Tun abhielt.

Die Wetterpatrone

Einer der herausragenden Wetterpatrone im deutschen Sprachgebiet ist der heilige Donatus. Seine Verehrung ging Mitte des 17. Jahrhunderts vom Rheinland aus und verbreitete sich sehr schnell. Und das kam so: In Münstereifel wurde 1652 ein Jesuitenkloster mit Klosterkirche errichtet. Wie es damals üblich war, brauchte man, um der Neugründung mehr Bedeutung und Gewicht zu verleihen und um ein – ökonomisch wichtiges – Wallfahrtsziel zu werden, einen Heiligen, den die Gläubigen verehren konnten. In solchen Fällen besorgte man sich gern die Gebeine eines Märtyrers, bevorzugt aus Rom, wo in den Katakomben der Heiligen Stadt zahllose Reliquien früher Christen gefunden wurden. Die

Münstereifeler erhielten die Gebeine des heiligen Donatus, von dem außer dem Namen nichts weiter bekannt ist. Während nun ein Geistlicher, der am 30.6.1652 Gläubige von Euskirchen zur feierlichen Reliquienübertragung nach Münstereifel bringen sollte, mit den ihm Anvertrauten eine Messe zelebrierte, wurde er durch das Kirchendach von einem Blitz getroffen. In seiner Not rief er den Heiligen an, den zu dem Zeitpunkt wie gesagt noch kaum jemand kannte. Und tatsächlich überlebte er trotz schwerer Verletzungen – der heilige Donatus hatte seine Fähigkeiten vor einer voll besetzten Kirche bewiesen! Das Patronat des Heiligen als Wetterpatron dürfte sich auch noch durch die Namensähnlichkeit zwischen Donatus, Donar (dem germanischen Wettergott) und Donner gefestigt haben. Dem Heiligen wurden in der Folge Bildtafeln in Kirchen und Bildstöcke in den Fluren geweiht, sein Name wurde auf Wetterglocken geschrieben (siehe unten) und es wurden Messen, Ämter und Prozessionen gegen Unwetter in seinem Namen zelebriert. Sein Kult breitete sich bis nach Luxemburg und Belgien im Westen und den ganzen Rhein hinunter bis in die Schweiz, nach Österreich und nach Ungarn aus. Bauern- und Wetterregeln, die seinen Namen enthalten, sind uns jedoch keine bekannt. Das mag daran liegen, dass der Namenstag des heiligen Donatus von Münstereifel zwar offiziell auf den 30. Juni festgelegt wurde, doch seiner wird an verschiedenen Tagen gedacht, auch am 2. Sonntag im Juli, am 1. März usw. Nachdem es mehrere Heilige seines Namens gibt, ist die Verwechslungsgefahr groß.
Neben dem herausragenden Wetterpatron Donatus gibt es noch eine Vielzahl anderer Heiliger, die teilweise nur in bestimmten Regionen oder bei speziellen Berufsgruppen für das Wetter zuständig sind. Dazu zählt der heilige Papst Urban I. als Patron der Winzer in weiten Teilen des deutschsprachigen Raumes (während der Patron der Egerer Winzer der heilige Donatus ist), der heilige Ulrich speziell in der Gegend um Augsburg, ferner Blasius, Fridolin, Magnus (im Allgäu), Georg, Medardus, Jakobus, Bartholomäus, Johannes der Täufer, Peter und Paul, Vinzenz von Saragossa, Vitus und Laurentius und die weiblichen Heiligen Agathe, Barbara, Anna, Margarethe, Magdalena, Katharina und natürlich die Gottesmutter Maria selbst. Diese Wetterpatrone hat man in Gebeten angerufen, man hat an ihren Altären Kerzen geopfert und Bildnisse von ihnen in Haus und Hof aufgestellt.

Wetterhex und Wetterkreuz

Neben der Anrufung eines Wetterpatrons gab es noch eine Vielzahl anderer ritueller Handlungen, mit denen man das Wetter beeinflussen wollte. Sie dienten dazu, entweder sozusagen vorbeugend die göttlichen „Wettermacher“ günstig zu stimmen und Hexen und Dämonen zu bannen oder bereits im Anzug befindliche Unwetter in letzter Minute „umzuleiten“ oder gar aufzulösen.

Wetterläuten

Zogen bereits die Unwetter auf und zuckten Blitze vom Himmel, ertönte allenthalben das Wetterläuten der Kirchenglocken. Mit Lärm versuchte man seit jeher überall auf der Welt, das Böse zu vertreiben. Der laute Klang der Glocken sollte die Gewitterwolken „zerschlagen“. Schon im Jahr 857 lässt sich das Wetterläuten nachweisen: Da schlug nämlich der Blitz in den Dom zu Trier, worauf man zur Abwehr weiterer Gefahren die Glocken in Bewegung setzte. Immer wieder wurde das abergläubische Wetterläuten von der Obrigkeit verboten – meist erfolglos. Entscheidend für die Wirksamkeit des Wetterläutens war im Volksglauben natürlich die Glocke selbst als ausführendes Instrument. Deshalb wurden die Glocken schon beim Gießen mit Sprüchen und Bildern verziert, die den Abwehrzauber unterstützen sollten. Die berühmteste Wetterglocke, 1486 für das Münster in Schaffhausen gegossen, trägt den Spruch: „Vivos voco, mortuos plango, fulgura frango“ (= Die Lebenden rufe ich, die Toten beklage ich, die Blitze breche ich). Glocken werden geweiht, bevor sie zum Einsatz kommen und sie erhalten Namen – oft die Namen von Wetterpatronen. So gibt es außerordentlich viele Donatusglocken. Nach altem Glauben wirkt ihre Unwetterabwehr so weit die Glocken zu hören sind. In weit vom Dorf entfernten Gehöften kamen deshalb – in manchen Gegenden des Rheinlands bis Mitte des 20. Jahrhunderts – so genannte Donatusschellen zum Einsatz, eine Art Ministrantenschellen, die wie die großen Glocken geweiht und bei Unwettern dann in Haus und Hof geläutet wurden. Sie sollten angeblich genauso gut wirken wie die großen Kirchenglocken.
Dem gleichen Zweck diente übrigens das Wetterschießen, wenn die Bauern mit Gewehren und Handböllern in Richtung der grauen Wolken

anlegten. Dass sie die Wolken nicht zerschießen konnten, war ihnen klar. Es war wohl auch hier die Idee vom Lärmmachen, mit dem man die Dämonen vertreiben wollte.

Wetterprozessionen

Auf Bergen und Hügeln, an Wegkreuzungen und anderen zentralen Punkten hat man große Kreuze aufgestellt. Diese Wetterkreuze waren oft mit Inschriften versehen, z. B. „Herr, lohne Müh und Arbeit", „Herr, segne diese Fluren", und sollten quasi stellvertretend für die Menschen über den Äckern und Wiesen stehend Gott um seinen Segen bitten.
Im frühen Sommer veranstaltet man bis heute Bittgänge und Wetterprozessionen, mancherorts auch Hagelfeier, Wetterfeier, Schauerumgang oder nur Umgang genannt. Die Felder sind bestellt, die Saaten ausgebracht. Jetzt konnte der Mensch früher nichts mehr tun, außer den Segen von oben für günstiges Wachs- und Erntewetter zu erflehen. Die Bittgänge finden heute noch traditionell um Christi Himmelfahrt statt. Früher wurden solche Prozessionen auch an den Tagen der Wetterheiligen Johannes d. T. (24.6.) und Peter und Paul (29.6.) abgehalten. Der Pfarrer mit dem Allerheiligsten in der Monstranz geht voraus, ihm folgen die Gläubigen, Rosenkranz betend, mit den Bitten: „Vor Blitz und Ungewitter verschone uns, o Herr!". Man zieht über Feldwege, vorbei an den Wetterkreuzen, und so weit die Monstranz zu sehen ist, so weit reicht nach altem Glauben ihr Segen.

Wetterkerzen und Heiligenbildchen

Daneben gab es eine Unmenge von Maßnahmen – teilweise weit verbreitet, teils nur an einzelnen Orten nachgewiesen – mit denen man oft in letzter Verzweiflung versucht hat, ein drohendes Gewitter mit verheerendem Hagelschlag abzuwehren. Überall kennt man geweihte Wetterkerzen, oft von schwarzer Farbe, die nur bei Unwetter angezündet und aufgestellt wurden, während die Familie einen Rosenkranz betete. Auch das Herdfeuer und der Rauch aus dem Kamin dienten zur „Vermittlung" des Wetterzaubers. Man warf dazu ein Stück Brot und etwas Salz ins Feuer. Als sehr wirksam galten auch Palmzweige vom Palmsonntag und am Tag des Wetterheiligen Johannes d.T. geweihte Johanniskräuter. Diese warf man ebenfalls ins Feuer oder – noch vor fünfzig Jahren im

Berchtesgadener Land bezeugt – befestigte ein Sträußchen davon außen an Fenstern und Türen, „um der Gefahr des Blitzschlags dadurch vorzubeugen“. Beliebt waren auch so genannte Berührungsreliquien: Donatus- oder andere Heiligenbildchen, die mit den Reliquien in Münstereifel berührt und von den dortigen Jesuiten in ganz Europa verschickt wurden. Wer ein solches Bildchen im Haus hatte oder bei sich trug, fühlte sich vor Blitzschlag und anderem Unglück gefeit.

Moderne Wissenschaft und alte Bauernregeln

In den vorstehenden Kapiteln ist klar geworden, wie anders geartet das Verhältnis unserer Vorfahren zum täglichen Wettergeschehen war. Sie waren dem Wetter tatsächlich wesentlich stärker ausgeliefert als wir heute, weil sie außer den tradierten Wetterregeln und der eigenen Erfahrung keinerlei offizielle Wettervorhersage kannten. Die Menschen früherer Zeiten verstanden, wie wir oben gesehen haben, Unwetter und der Ernte nicht zuträgliche Witterung als göttliche Fügung. Und das, obwohl sie aus langjähriger Beobachtung und durch jahrtausendealte Überlieferung die Zusammenhänge von Windrichtung und Jahreszeit, Wolkenformen und Regen, Farbschauspielen am Himmel und Schönwetter durchaus kannten.
Nur durch diese Verquickung von Naturbeobachtung und Zauberglauben ist die Vielzahl der überlieferten Wetterregeln zu erklären und auch die Tatsache, dass zwar viele der Regeln reinem Aberglauben entspringen, einige aber durchaus den Überprüfungen der Wissenschaft standhalten. Wir wollen uns nun von der Zauberei ab- und der Meteorologie zuwenden: Welche Regeln stimmen denn nun und welche nicht?
Moderne Meteorologen haben sich in der Zwischenzeit mit den alten Bauern- und Wetterregeln beschäftigt und sie mit langjährigen statistischen Wetteraufzeichnungen aus Deutschland verglichen. Zunächst einmal muss wiederholt werden, dass bei den meisten Wetterregeln un-

klar ist, ob sie vor oder nach der Verschiebung durch die gregorianische Kalenderreform entstanden sind. Eine Abweichung von etwa 10 Tagen nach hinten muss deshalb einkalkuliert werden. Die wichtigsten Erkenntnisse nach den Abgleichungen sind ganz erstaunlich. Was kurzfristige Wettervorhersagen betrifft, also das Wetter der nächsten Tage, so treffen die Bauernregeln häufig zu. Bei langfristigen Prognosen haben die modernen Methoden aber eindeutig die Nase vorn. Dazu ist die Kenntnis globaler Wetterverhältnisse, wie man sie durch neuzeitliche wissenschaftliche Methoden gewinnt, unabdingbar. Die Bauern konnten früher eben auch nur die Wind- und Wetterverhältnisse ihrer unmittelbaren Umgebung heranziehen. Zu beachten ist auch, dass in den meisten Fällen nicht mehr nachvollziehbar ist, wo welche Regeln entstanden sind. So gibt es einige Bauernregeln, die eher im Süden Deutschlands und im Alpenraum und andere, die eher im Küstenbereich des Nordens zutreffen. Auch der Zeitpunkt der Entstehung der Bauernregeln ist nicht bekannt. Wenn man bedenkt, dass einer relativ warmen Klimaperiode um 1100 eine längere Abkühlung folgte, die in der so genannten „kleinen Eiszeit“ um 1650 gipfelte, kann man sich vorstellen, dass Wetterregeln, die in diesen klimatisch so unterschiedlichen Jahrhunderten entstanden sind, nicht allgemeingültig sein können. Ferner muss bedacht werden, dass moderne Züchtungen von Getreide und Feldfrüchten ebenso wie die geänderten Anbaumethoden und künstliche Düngemittel unter Umständen andere klimatische Bedingungen für eine gute Ernte erfordern als es früher der Fall war. Und nicht zuletzt: Wenn die Bauernregeln von „gutem Wetter“ oder „einem guten Jahr“ sprechen, dann bezog sich das früher immer auf ein gutes Jahr für die Ernte und das Wachstum der Feldfrüchte. Die Bauern waren keine Sommerfrischler, die möglichst dauerhaften Sonnenschein für den Urlaub ersehnten. Sie sahen Regen und kühle Witterung, wenn es für das Gedeihen der Feldfrüchte nötig war, als „gutes Wetter“ an.
Die grundlegende Aussage der Bauernpraktik, nämlich die Vorhersagefunktion der Zwölfnächte für die zwölf Monate des Folgejahres, sind in den modernen Tests durchgefallen. Das ist reiner Aberglaube. Ebenso auch der Hundertjährige Kalender, der das Wetter abhängig von den Planeteneinflüssen sieht. Die methodisch einwandfreien Tests ergeben: Seine Vorhersagen bestätigen sich nicht. Anders ist es mit den tradierten

Wetterregeln, die in vielen Fällen eine höhere Trefferquote erzielen als die statistische Zufallstrefferrate von 50 Prozent. Es gibt einen „harten Kern" von 36 Bauernregeln, die eine höhere Trefferquote als 75 Prozent erzielen. Das bedeutet, dass in mehr als 3 von 4 Jahren die Prognose stimmt. Diese 36 treffsichersten Bauernregeln haben wir natürlich in unser Büchlein aufgenommen, sie sind durch * gekennzeichnet.
Wir hoffen, dass Sie durch unsere Sammlung von Wetterregeln vor allem eines gewinnen: Einen Einblick in die Welt der Bauern und der Wetterbeobachtung in früherer Zeit. Viel genauer wusste man in früheren Jahrhunderten seine Umgebung und die Natur wahrnehmen, was wir Vielbeschäftigte heute oft monatelang nicht mehr tun. Doch nicht die Prämisse „trifft diese Bauernregel zu oder nicht" sollte an erster Stelle der Lektüre und auch der Naturbeobachtung stehen, sondern die Freude am Leben in der Natur, an der Erfahrung der Witterung und am Einblick in das Leben unserer Altvorderen.

Nicht ganz ernst gemeint

Damit auch der Spaß nicht zu kurz kommt, hier zuletzt eine kleine Auswahl lustiger Regeln, die irgendwann von Scherzbolden in der Manier klassischer Wetterregeln erdacht wurden und sich ebenfalls schon längerer Tradition erfreuen. Sie machen sich zwar über die Bauernregeln lustig, was wir mit unserem Buch nicht wollen. Doch sie zeigen uns, dass eine Prise Humor auch bei ernsthafter Betrachtung von wissenschaftlichem Material nicht schadet. Am bekanntesten ist wohl „Kräht der Hahn auf dem Mist, ändert sich das Wetter oder bleibt wie es ist" – trifft immer zu. Ebenso wie: „Wenn es in die Suppe hagelt, ist das Dach wohl schlecht genagelt", „Stellt im April sich Regen ein, so hat man keinen Sonnenschein", „Bläst am ersten der Wind von Nord, legt er sich oder wehet fort", „Friert's zu Silvester Berg und Tal, so friert's dies Jahr zum letzten Mal." Im real existierenden Sozialismus reimte man: „Auch ohne Gott und Sonnenschein, bringen wir die Ernte ein." Zuletzt unser Lieblingsspruch: „Steht im Januar das Korn, ist es wohl vergessen worn."

Januar

Aus alter Zeit sind so manche Bezeichnungen für den Monat Januar überliefert. So wurde er früher auch Hartung genannt, weil er die härteste Kälte bringt. Karl der Große, der vor 1200 Jahren als Erster deutsche Monatsbezeichnungen einführen wollte, nannte den Januar schlicht Wintermonat.
Zwar beginnt das Jahr nach dem römischen Kalender mit dem ersten Januar, doch im Bauernleben galt eine andere Zeiteinteilung. Die Bauern richteten sich früher weniger nach dem offiziellen Kalender, sondern sie teilten das Jahr nach den kirchlichen Festen und den Namenstagen der verschiedenen Heiligen ein. So begann die Heuernte nicht am 24. Juni, sondern am Johannitag, Geburtstag hatte man nicht am 25. Juli sondern eben an Jakobi.
Die vielen Heiligen wurden in der Not um Hilfe angerufen und sind auch mit unzähligen Wetterregeln verbunden.
Dennoch wurde dem offiziellen Jahresanfang, dem Neujahrstag, natürlich von jeher eine große Bedeutung beigemessen.

Januar

Er galt als Schicksalstag für das neue Jahr. So sollte am Neujahrstag das Haus sauber sein, sonst würde das ganze Jahr über Unordnung herrschen. Glück und Aberglaube lagen an diesem Tag eng beieinander. Wer am Neujahrstag niesen musste, der sollte ein langes Leben vor sich haben, wer einem Schwein begegnete, der brauchte sich für das neue Jahr keine Sorgen zu machen. Nach altem Brauch ging man zu Verwandten und Bekannten, um ein gutes neues Jahr zu wünschen. Die Kinder bekamen für ihre Glückwünsche Geschenke und vielerorts wurden auch die Dienstboten mit kleinen Gaben belohnt.
Mit dem Dreikönigsfest am 6. Januar geht die Weihnachtszeit endgültig zu Ende. Allerorten machen sich in den Tagen zwischen Neujahr und Dreikönig die Sternsinger auf den Weg von Haus zu Haus, singen ihre Weise und schreiben mit geweihter Kreide die Segensformel C+M+B (Christus mansionem benedicat – Christus segne dieses Haus) und die Jahreszahl an die Türen. Früher bekamen sie als Dank Äpfel, Gebäck oder ein paar Münzen, denn der Bauer erhoffte sich von ihrem Besuch eine reiche Ernte und ein glückliches Jahr. Bereits am Vorabend des Dreikönigstages wurden Haus, Stall und Scheune

mit Weihrauch ausgeräuchert und mit dem geweihten Dreikönigswasser besprengt. Das sollte Haus und Hof vor Unheil schützen. Die Arbeit der Bauern hing früher davon ab, wie es in der Natur aussah. Sie bestimmte, was auf dem Hof, in Wald und Feld zu tun war. Kein Wunder, dass die Bauern auch im Januar, wenn die Feldarbeit ruhte, das Wetter aufmerksam beobachteten, um herauszufinden, wie die Aussaat- und Erntebedingungen im weiteren Verlauf des Jahres werden würden. Dabei haben schon unsere Vorfahren einige Wettertendenzen festgestellt, die sich heute immer wieder bestätigen: „Ein milder Januar bringt ein spätes Frühjahr“, wussten die Bauern, dasselbe Phänomen meint der Spruch: „Oft Regen im Januar, oft Schnee im April“ – wenn im Januar die Temperaturen also über dem Gefrierpunkt liegen, kommt spät noch Schnee und der Frühling beginnt spät, vielleicht erst im Mai. Er wird dann aber trocken sein, das besagt die Regel: „Nasser Januar, trockenes Frühjahr“. Wenn sich der Januar dagegen frostig präsentiert, soll ein milder Frühling folgen, und: „Schneereicher Januar – schöner Sommer“. Bis heute bestätigen sich diese Wettererfahrungen der Bauern häufig.

Januar

1.

Wilhelm von St-Bénigne

**Neujahrsnacht still und klar,
deutet auf ein gutes Jahr.**

Neujahr

Im Volksglauben galt der Neujahrstag als Unglückstag. Die Neujahrsnacht gehört zu den Losnächten. Früher war es Brauch, in dieser Nacht einen Blick in die Zukunft zu werfen. Da wurden von den jungen Mädchen Pantoffeln über die Schulter geworfen – wohin die Spitze des Pantoffels zeigte, aus dieser Richtung sollte der Zukünftige kommen. Es wurde aber auch darauf geachtet, dass möglichst alle Unternehmungen an diesem Tag glatt verliefen, denn so wie der Neujahrstag, so würde auch das nachfolgende Jahr sein. Um einen guten Anfang zu machen, sollte man zum Beispiel nicht hinfallen, nichts verkehrt anziehen, nichts verleihen oder kaufen.

Weit verbreitet war der Glaube, Besuch beim Mittagessen würde an Neujahr Unglück bringen. Am Neujahrsmorgen durfte keine Wäsche gewaschen oder gar aufhängt werden, sonst gäbe es bald einen Toten im Haus, fürchtete man. Alle schwarzen Katzen wurden aus dem Haus verbannt. Nicht zu spät aufstehen, hieß es, sonst stünde ein faules Jahr an. Das Feuer im Herd durfte an Neujahr ebenso wenig ausgehen wie das Geld im Beutel. Mädchen, die am Neujahrstag in einen roten Apfel bissen, sollten das ganze Jahr über rote Bäckchen haben, und wer an Neujahr niesen musste, der würde lange leben. Lustig und froh sollte das neue Jahr begonnen werden.

2.

Basilius der Große, Gregor von Nazianz, Makarius

**Wie das Wetter an Makarius war,
so wird der September: trüb oder klar.**

Makarius starb im Jahr 1153. Er war Mönch in Regensburg und später Abt in Würzburg. Auch der Makariustag galt im Volksglauben als Unglückstag. An diesen „verworfenen Tagen“ sollte man nichts Neues beginnen, nur bereits angefangene Arbeit durfte zu Ende geführt werden. Daneben war der Tag auch ein Lostag für das Wetter im Spätsommer.

3.

Irmina, Genoveva

Ist der Jänner nass, bleibt leer das Fass.

4.

Angela von Foligno, Roger

Wirft der Maulwurf im Januar, dauert der Winter bis Mai sogar.

5.

Emilie, Gerlach von Houtem

Je frostiger der Januar, je freudiger das ganze Jahr.

Die Nacht vor dem Dreikönigstag galt als die letzte, größte und gefährlichste Rauhnacht zwischen Weihnachten und dem 6. Januar. Das Totenheer zog nach altem Volksglauben durch die Nacht. In der Oberpfalz wurde der Tag auch Berchtentag genannt. Noch heute werden in einigen Regionen Masken- und Lärmumzüge abgehalten.
In den Kirchen werden Wasser, Weihrauch, Kreide und Salz geweiht. Das Dreikönigswasser musste früher in jedem Haus sein. Meist wurde es im Keller aufbewahrt. Heilkraft sagte man dem Dreikönigssalz nach. Dieses Salz wurde mit Weihwasser vermischt, dann knetete man daraus einen scheibenförmigen Klumpen, in den man nach dem Trocknen ein Loch bohrte, damit man ihn aufhängen konnte. Von diesem geweihten Salzstein gab man dem kranken Vieh ein paar Brösel, auch beim Buttern wurden einige Salzkörnchen in das Butterfass gegeben. Am Abend vor dem Dreikönigstag wurden Haus und Stallungen ausgeräuchert, in jedes Zimmer, in jeden Schrank und in jede Truhe wurde außerdem – mit einem Rosmarin- oder Buchszweig – Weihwasser gespritzt. Dadurch sollten für das kommende Jahr alle bösen Geister aus dem Haus verbannt werden.

Januar

6.

Kaspar, Melchior, Balthasar

*** Ist bis Dreikönigstag kein Winter, folgt auch keiner mehr dahinter.**

Heiligdreikönig

Diese alte Bauernregel wird durch moderne Untersuchungen bestätigt: Von kurzen Kaltlufteinbrüchen abgesehen, folgt in 8 von 10 Jahren kein strenger Winter mehr, wenn die erste Hälfte des Winters bis in die erste Januarwoche eher überdurchschnittlich mild war.
Mit dem Dreikönigstag geht die Weihnachtszeit endgültig zu Ende. Die Tage werden nun wieder länger:

> Auf Weihnacht um an Hahnatritt,
> auf Neujahr um an Mannerschritt,
> auf Dreikönig um an Hirschensprung,
> auf Lichtmess um a ganze Stund.

Das Dreikönigsfest geht bis ins 3. Jahrhundert zurück und ist nach Ostern das älteste Fest der Christenheit. Die Sternsinger gehen von Haus zu Haus und singen ihre Lieder. Früher wurden sie dafür mit Äpfeln und süßem Gebäck belohnt, die Lieder und guten Wünsche der Sternsinger sollten ein glückliches Jahr bringen. Auch andere Bräuche ranken sich um das Dreikönigsfest. Im Bayerischen Wald wurden Krippenfiguren der Heiligen Drei Könige von Haus zu Haus getragen. Auch eine Wünschelrute sollte man an diesem Tag schneiden und sie auf den Namen von einem der Heiligen Drei Könige taufen: Kaspar, wenn die Rute Gold finden soll, Balthasar für Silber und Melchior für Wasser.
Der Dreikönigstag gilt auch als Los- oder Orakeltag. Noch heute wird in manchen Familien in einen Dreikönigskuchen eine Bohne eingebacken. Früher glaubte man, wer sie bekommt, wird bald heiraten.

7.

Valentin von Rätien, Raimund

Im Januar dickes Eis, im Mai ein üppig Reis.

8.

Severin, Erhard von Regensburg

St. Erhard mit der Hack, steckt die Feiertag in den Sack.

Der heilige Erhardus galt früher besonders in der Gegend um Regensburg als Fürbitter gegen die Pest und als Viehpatron. Ihm zu Ehren stellten viele Hausfrauen ganz besondere Brote und lebkuchenartige Zeltln her. Diese Erhardibrote und Erhardizeltl wurden dann am 8. Januar in den Erhardikirchen geweiht und an die Kirchgänger verteilt. Mancherorts wurden an diesem Tag auch die Pferde der Umgebung zur Kirche gebracht und gesegnet.

9.

Adrian

Ein Jahr das fängt mit Regen an,
bringt nicht viel Gutes auf den Plan.

10.

Paulus, der Einsiedler, Gregor X.

Ist der Paulustag gelinde, folgen im Frühjahr raue Winde.

11.

Paulinus von Aquileia, Wilhelm von Donjeon

Kommt der Frost im Jänner nicht,
zeigt im März er sein Gesicht.

Schon der Ausdruck „Jänner" für den Januar deutet darauf hin, dass diese Bauernregel aus dem bayerisch-österreichischen Raum stammt. Hier trifft sie wohl häufiger zu als in Nord- und Ostdeutschland, wo neuere Untersuchungen die Regel nicht bestätigen.

12.

Ernst, Tatjana von Rom

Ist der Januar hell und weiß, kommt der Frühling ohne Eis, wird der Sommer sicher heiß.

13.

Hilarius, Ivette (Jutta)

Januar muss krachen, wenn der Frühling soll lachen.

14.

Felix von Nola, Englmar

Januar muss knacken, wenn das Korn soll sacken.

Diese beiden Bauernregeln haben durchaus ihre Berechtigung. Das bereits im Herbst gesäte Wintergetreide muss strenge Kälte bekommen, wenn es gut gedeihen soll. Aber auch gegen Schädlinge gibt es nichts Wirksameres als einen kalten Winter. Ein Großteil der Maden bzw. Raupen, die im Boden überwintern, überlebt einen dauerhaft kalten Januar nämlich nicht, was sich positiv auf die Ernte auswirkt.

15.

Romedius, Maurus

Wenn im Januar der Südwind brüllt, werden die Kirchhöfe schnell gefüllt.

Mediziner bestätigen es noch heute: Wenn nach einer kalten Frostperiode im Januar warmer Südwind Tauwetter mit Regen und nasskalten Bedingungen bringt, häufen sich in der Folge Erkältungskrankheiten und Grippeepidemien – heute füllen sich dann die Wartezimmer der Ärzte, früher die Friedhöfe.

16.

Marzellus I., Tosso von Augsburg

**Tanzen im Januar die Mucken,
muss der Bauer nach dem Futter gucken.**

17.

Antonius der Große

Am Schnee nicht spart St. Anton mit dem weißen Bart.

Eine anstrengende Winterarbeit der Männer war in den Zeiten vor Einführung des Kühlschranks das „Eisen“. Aus zugefrorenen Flüssen und Weihern wurden Eisplatten gesägt und mit dem Pferdefuhrwerk in die Eiskeller gebracht. Dort wurden die Platten bis zum Sommer gelagert, damit sie dann das im Keller gelagerte Bier kühlten.

18.

Priska, Margareta von Ungarn

Januar trocken und rau, nützet dem Getreidebau.

19.

Marius, Martha, Pia

Auf harten Winters Zucht, folgt gute Sommerfrucht.

In der kalten Jahreszeit gab es früher zum Aufwärmen nach der Arbeit im eisigen Wind oft dicke Suppen und Schmalzgebackenes. Als besonders gesund und nahrhaft galt die Biersuppe. Dazu wurde ein halber Liter Bier mit einem Stück Butter gekocht und abgeschäumt. Dann zwei bis drei Eidotter mit etwas süßem Rahm aufgeschlagen, ein Viertelliter heiße Milch dazugegeben und alles in das kochende Bier gegossen.

Januar

20.

Fabian, Sebastian

An Fabian und Sebastian, fängt oft der rechte Winter an.

Um Sebastiani, so sagte man früher, ist die kälteste Zeit des Winters. Daher kam auch der Begriff der „Sebastianikälte“. An vielen Orten wurden um Sebastiani nach altem Gelöbnis Sebastianprozessionen durchgeführt. Nur wenige davon haben sich bis heute erhalten, darunter in Deggendorf in Niederbayern. Der Heilige galt in Bayern als Sterbe- und Pestpatron. Da man einst den heiligen Sebastian an einen Baum gefesselt und mit Holzpfeilen gemartert hatte, wurde er auch zum Schutzpatron der Holzfäller und Waldarbeiter. An seinem Namenstag durfte kein Baum verletzt werden. So kam es, dass die Waldarbeiter früher an diesem Tag ihren Feiertag begingen.

21.

Agnes, Meinrad von Reichenau

Wenn Agnes und Vincentus (22.1.) kommen,
wird neuer Saft im Baum entnommen.

22.

Vinzenz von Saragossa, Dietlinde

Wie das Wetter um Vinzenz war, wird es sein das ganze Jahr.

Sankt Vinzenz ist in den bayerischen Bergen der Patron der Holzknechte. An diesem Tag feierten und feiern sie in einigen Gegenden noch heute ihr „Vinzenzi“. Zuerst besuchte man das Hochamt in der Kirche, danach ging es ins Wirtshaus. Meist gab es ein Festmahl aus Hirschbraten oder Rehragout mit Knödeln. Mancherorts stifteten die Holzknechte das Essen, in anderen Gegenden war dies Sache der Sägewerksbesitzer. Am Abend gab es dann oft noch den Holzknechtsball mit viel Musik, Bier und Holzerschnaps.

23.

Heinrich Seuse, Hartumut

Wächst das Gras im Januar, ist's im Sommer in Gefahr.

24.

Franz von Sales, Vera von Clermont

Januar ganz ohne Schnee tut Bäumen, Bergen, Tälern weh.

25.

Bekehrung des Apostel Paulus

Pauli Bekehr

*** Ist zu Pauli Bekehr das Wetter schön,
wird man ein gutes Frühjahr sehn;
ist das Wetter aber schlecht,
kommt es spät als fauler Knecht.**

Ein „gutes" Frühjahr nach einem schönen Pauli-Bekehr-Tag verspricht uns die Bauernregel, die nach neueren Erkenntnissen mit mehr als 50 Prozent Wahrscheinlichkeit zutrifft. Allerdings darf man nicht ein sehr trockenes Frühjahr mit ausschließlich Sonnenschein erwarten. „Gut" meinten die Bauern im Sinne von „gut für die Felder". Das bedeutet, dass auch der nötige Regen fallen wird, der Sonnenschein aber überwiegt und vor allem keine für die Saaten tückischen Spätfröste mehr zu erwarten sind.

„Pauli Bekehr – der halbe Winter hin, der halbe her." – Halbwintertag heißt dieser Tag auch im Bauernkalender. Vom Tag der Bekehrung des heiligen Paulus meint die Bauernweisheit auch „Pauli Bekehr – kein Winter mehr", und: „Ist St. Paulus klar, bringt er ein gutes Jahr". Außerdem soll schönes Wetter an „Pauli Bekehrung – aller Früchte Bescherung" bringen, doch: „Wenn's regnet und schneit, wird teuer das Getreid", und: „Sankt Pauli Regen – schlechter Segen". Zahlreich sind auch die Bauernweisheiten, die sich auf Haustiere beziehen. So sagte man beispielsweise: „Pauli Bekehr – Gans gib deine Eier her" oder „Pauli Bekehrung, der Lämmer Bescherung". Früher war der Halbwintertag ein halber Feiertag, an dem die unbedingt nötige Arbeit zwar erlaubt war, aber auch die Messe besucht werden musste. An diesem Tag ging der Bauer mit Knecht und Dirn zum „Schatzen" (= Schätzen) auf die Tenne. Die Heu- und Getreidevorräte für das Vieh mussten noch über die zweite Winterhälfte reichen. Deshalb belohnte der Hausvorstand die Dienstboten, die mit den Futtervorräten gut gewirtschaftet hatten, mit Trinkgeld oder einem kleinen Geschenk.

26.

Paula von Rom, Timotheus

Steht im Januar Nebel gar, wird das Frühjahr nass fürwahr.

27.

Angela Merici, Julian

**Anfang und Ende vom Januar,
zeigen das Wetter fürs ganze Jahr.**

28.

Thomas von Aquin, Manfred, Karl der Große

**Halten die Krähen Konzilium,
dann sieh nach Feuerholz dich um.**

Nicht nur mit dem Wetter wurden Vögel im Volksglauben in Verbindung gebracht. Unter den Nachtvögeln war es vor allem die Eule, die den Menschen Schrecken einjagte. Sie galt als Gespenstervogel. Herz und Füße der Eule waren beliebte Amulette. Elstern waren Unglücksvögel, die Streit, Unfrieden und manchmal sogar den Tod verkünden sollten. Auch der Schrei eines Käuzchens galt als Vorzeichen des Todes.

29.

Aquilin, Valerius von Trier

Auf trockenen, kalten Januar, folgt viel Schnee im Februar.

Diese Regel gilt hauptsächlich für den süddeutschen Raum, für Norddeutschland haben Messungen der letzten hundert Jahre sie nicht bestätigt.

30.

Adelgunde, Martina

Bringt Martina Sonnenschein, hofft man auf viel Korn und Wein.

31.

Johannes Bosco, Emma

So viele Tropfen im Januar, so viel Schnee im Mai.

Der 31. Januar war ein wichtiger Stichtag für die Holzarbeit. Holz, das an diesem Tag geschlagen wurde, sollte besonders hart werden. Auch vor Fäulnis und Holzwürmern sei es sicher. Eine besonders harte Holzarbeit war früher das Ausgraben der Wurzelstöcke. So ein Wurzelstock hielt die Wärme im Kachelofen besonders lang. Der „pechigste“ Stock wurde für die Mettennacht (24. Dezember) aufgehoben. Dieses von Harz durchsetzte Holzstück legte man auf die Glut, wenn die gesamte Familie zur Mitternachtsmette aufbrach, damit das Feuer während der Abwesenheit nicht verlöschte.

Februar

Im alten römischen Kalender war der Februar der letzte Monat des Jahres. Heute ist er der kürzeste Monat, auch wenn er alle vier Jahre um einen Schalttag verlängert wird. Sein deutscher Name ist Hornung, wohl weil er so hart (= kalt) wie ein Horn ist. Mit dem Fest Mariä Lichtmess am 2. Februar endete früher nach dem kirchlichen Kalender die Weihnachtszeit. An diesem Tag werden noch heute die Kerzen zur Weihe in die Kirche getragen. Den Lichtmesskerzen wurde früher eine besonders große Segenskraft für Haus und Hof, Mensch und Vieh nachgesagt. Körbe voller Kerzen wurden in die Kirche gebracht. Nicht fehlen durfte dabei natürlich die schwarze Wetterkerze, daneben lagen Haus- und Sterbekerzen, dünne bunte Pfennigkerzen und oft reich verzierte Wachsstöcke mit Heiligenbildern. Am Abend wurden in der Stube die Kerzen angezündet, für jeden brannte ein geweihtes Licht auf dem Tisch. Und jeder glaubte, dass der als Erster sterben würde, dessen Licht als Erstes verlosch. Mariä Lichtmess war früher auch im Bauernkalender von großer Bedeutung und bis 1912 in Bayern gesetzlicher Feiertag. Lichtmess war der größte Feiertag für Mägde und Knechte. An diesem Tag endete das Arbeitsjahr, ein neuer Dienstvertrag wurde geschlossen und den Dienstboten der Lohn für das abgelaufene Jahr ausbezahlt. Am 3. Februar steht im Kalender der Name des heiligen Blasius. Er gehört zu den 14 Nothelfern und wird bei Halsleiden aller Art und bei Zahnschmerzen angerufen. Der Legende nach soll er einst einem Buben das Leben gerettet haben, der an einer Fischgräte zu ersticken drohte. Zur Erinnerung daran lassen sich alljährlich am Blasiustag die Gläubigen „einblasln", um übers Jahr vor Halsweh geschützt zu sein. Der Pfarrer hält dabei jedem Einzelnen zwei wie das Andreaskreuz übereinander gelegte brennende Kerzen vor Hals und Gesicht und spricht den Blasiussegen: „Durch die Fürbitte des heiligen Bischofs und Märtyrers Blasius wolle dich Gott befreien von jeglichem Übel des Halses, im Namen des Vaters und des Sohnes und des Heiligen Geistes Amen". Im Mittelalter vertraute man der Fürbitte des heiligen Blasius auch die Haustiere an. Und bis heute hat sich mancherorts der Brauch erhalten, am Blasiustag die Haustiere mit Weihwasser zu besprengen.

Ebenfalls seit dem Mittelalter wird Fasching, Fastnacht oder Karneval gefeiert. Die Wurzeln liegen in vorchrist-

lichen Frühlingsbräuchen. Mit viel Lärm und in phantasievollen Verkleidungen wollte man die Winterdämonen vertreiben. Das Volk spielte „verkehrte Welt" – jeder durfte sich verkleiden, es regierten die Narren, und die strenge Ordnung des Alltags war für einige Zeit außer Kraft gesetzt. Heute dauert die närrische Zeit zwischen 28 und 63 Tagen, von Dreikönig bis Aschermittwoch. Der Höhepunkt des Faschingstreibens beginnt mit dem Donnerstag vor dem Faschingssonntag. Mit dem Kehraus am Faschingsdienstag endet die närrische Zeit. Oft wird noch unter Wehklagen der Fasching „begraben", mit einer herzerweichenden Trauerrede nimmt man Abschied, die närrische Zeit ist vorbei. Mit dem langsam zu Ende gehenden Winter bereiteten sich die Bauern auf die Arbeit draußen vor. Doch zu früh durfte auch bei milder Witterung nicht mit dem Pflügen und Säen begonnen werden. Denn bewährte Wetterregeln warnen vor einem nassen Februar – er bringt oft späte Fröste im Mai, die die eben keimende Saat vernichten können. Auf einen milden Februar folgen oft ein kühl-durchwachsener Frühling und ein ebensolcher Sommer. „Schneearmer Februar – Schnee um Ostern" trifft ebenfalls häufig zu. Ein frostiger und trockener Februar mit knackiger Kälte verspricht dagegen warmen April und Mai.

Februar

1.

Brigitte, Petrus von Antiochien

**Wenn's im Februar nicht schneit, schneit es in der Osterzeit.
Februar mit Frost und Wind, macht die Ostertage lind.**

2.

Burghard von Würzburg

*** Wenn's an Lichtmess stürmt und schneit,
ist der Frühling nicht mehr weit.**

Mariä Lichtmess

Mariä Lichtmess ist einer der wichtigsten Lostage des Jahres. Wenn die Sonne um diese Jahreszeit „heiß" scheint, bedeutet das eine stabile Hochdrucklage und kräftige Nachtfröste bei klarem Himmel. Hoher Luftdruck im Winter kommt bei uns aber immer als Festlandskaltluft aus Osteuropa und Sibirien – mit hoher Wahrscheinlichkeit sind dann im Februar und auch im März noch überdurchschnittlich viele Frosttage zu erwarten. Das Gegenteil ist der Fall, wenn viel feuchte Luft aus Westen zu uns dringt und wenn es „stürmt und schneit".
Mariä Lichtmess war früher der größte Feiertag für Knechte und Mägde. Es war der Zahltag für das abgelaufene Jahr und der Tag des Dienstbotenwechsels. So mancher Bauer musste tief in den Geldbeutel greifen.

3.

Blasius, Ansgar

Sankt Blasius stößt dem Winter die Hörner ab.

Der Legende nach soll Blasius ein Kind, dem eine Fischgräte im Hals stecken geblieben war, vor dem Ersticken gerettet haben. Der Heilige zählt zu den Vierzehn Nothelfern und wurde vor allem bei Halsschmerzen und Husten um Hilfe gebeten. Und so lassen sich noch heute die Gläubigen am Blasiustag „einblasln", um das Jahr über vor Halsweh geschützt zu sein. Der Pfarrer erteilt an diesem Tag nach der Messe mit zwei über Kreuz gebundenen brennenden Kerzen den Blasiussegen.

4.

Rabanus Maurus, Veronika

*** Sonnt der Dachs sich in der Lichtmesswoch,
bleibt auf vier Wochen er im Loch.**

Ist es Anfang Februar sonnig und klar, hat sich, wie wir schon zu Monatsanfang gehört haben, ein stabiles Hochdruckgebiet aufgebaut, das um diese Jahreszeit kalte trockene Luft aus dem Osten nach Mitteleuropa bringt. Ein solcher hoher Luftdruck ist dann meist so beständig, dass er über einige Wochen das Wetter bei uns bestimmen kann – es bleibt also kalt und der Dachs wird nicht aus dem Winterschlaf geweckt.

5.

Agatha, Adelheid

**St. Agathe die Gottesbraut
macht, dass Schnee und Eis gern taut.**

Hat sich kein beständiger, kalt-sonniger Hochdruckeinfluss aufgebaut, dann kann in der ersten Februarwoche schon Tauwetter einsetzen. Mit der heiligen Agathe hat man diese Wetterregel wegen ihres Namenstages am 5. Februar verbunden. Wohl aber auch deshalb, weil die Heilige, gebürtige Sizilianerin, in ihrer Heimat angeblich einen Lavastrom umgelenkt hat, der eine Kirche bedrohte. So glaubte man offenbar, dass sie auch Naturgewalten lenken und beeinflussen kann.
Die heilige Agathe war als Märtyrerin den Feuertod gestorben, zuvor war ihr in der Folter die Brust abgeschnitten worden. Da die Brust, die sie auf älteren Darstellungen in einer Schale in der Hand hielt, auch als kleines Brot gedeutet wurde, galt Agathe als Helferin bei Brustkrankheiten und zugleich als Hüterin des Brotes.

6.

Paul Miki, Dorothea

Sankt Dorothee bringt meist Schnee.

Februar

7.

Richard, Ava

Alle Monate im Jahr verwünschen den schönen Februar.

8.

Hieronymus Ämiliani

**Spielen die Mücken im Februar,
frieren die Bienen das ganze Jahr.**

Ein zu warmer Februar, sagt uns diese Wetterregel, wird kein von der Sonne verwöhntes Jahr bringen. Bienen fliegen nur bei Wärme und trockenem Wetter. Wenn sie frieren, ist die Honig- und die Wachsausbeute gering. Die Bienenzucht war früher äußerst wichtig für die Landwirtschaft. Neben dem Honig sorgten die Bienen auch für die Befruchtung der Obstbäume und Samengewächse. Als ganz besondere Köstlichkeit galt der „Herrenhonig", eine Mischung aus gerührter Butter, Honig, fein geriebener Zitronenschale und etwas Zitronensaft. Er wurde in der Weihnachtszeit dünn auf Christstollen, Lebkuchen oder Kletzenbrot gestrichen, die dadurch wieder weich wurden und nach Honig dufteten. Aber nicht nur der Honig – auch das Bienenwachs war begehrt. Vor der Erfindung des Paraffins stellte er das Rohmaterial für Kerzen dar.

9.

Apollonia, Alto

Ist's an Apollonia feucht, der Winter meist sehr spät erweicht.

10.

Scholastika, Wilhelm von Malavalle

**Im Februar müssen die Stürme fackeln,
dass den Ochsen die Hörner wackeln.**

11.

Anselm von Rott, Benedikt von Aniane

**Heftiger Nordwind im Februar,
vermeldet ein gar fruchtbar Jahr.**

Mariä Erscheinung in Lourdes

Eine weitere Bauernregel zum Nordwind besagt: „Der Nordwind ist ein rauer Vetter, aber er bringt beständig Wetter". Der Bauer wusste also in der Regel, welches Wetter ihm in den nächsten Tagen bevorstand. Ostwind dagegen sorgt im Winter oft für eisige Kälte. Er war gefürchtet, denn: „Wenn Ostwind lange weht, ein teuer Jahr entsteht".

12.

Eulalia von Barcelona

**Wenn die Katze im Februar in der Sonne liegt,
im März sie wieder hinter den Ofen kriecht.**

13.

Irmhild von Kent

Vor Valentein friert das Rad samt Mühlbach ein.

14.

Valentin

**Wenn's der Februar gnädig macht,
bringt der Lenz den Frost bei Nacht.**

Der 14. Februar ist in der katholischen Kirche der Festtag des heiligen Valentin von Terni, der seit dem 4. Jahrhundert in Rom als Märtyrer verehrt wurde. Der Legende nach wurde er an diesem Tag auf Befehl des römischen Kaisers Claudius II. hingerichtet. In Mitteleuropa ist der Valentinstag seit dem späten 14. Jahrhundert als Fest der Jugend und der Liebenden bezeugt.

Februar

15.

Siegfried von Schweden, Jovita

Der Februar baut manche Brück,
der März bricht ihnen das Genick.

16.

Juliana von Nikomedien

Friert's um Simeon ganz plötzlich,
bleibt der Frost nicht lang gesetzlich.

17.

Lukas von Padua

Viel und langer Schnee, gibt viel Frucht und Klee.

Früher wurde die Fastenzeit noch streng eingehalten. Deshalb gönnte man sich vor dem Aschermittwoche noch „sechs fette Tage“, um sich noch einmal so richtig satt zu essen. Am Schmalzsamstag wurden Unmengen von Krapfen und Küchel gebacken.

18.

Simon von Juda, Alexander

Gewitter überm kahlen Baum – langer Wintertraum.

19.

Irmgard, Hedwig von Cappenberg

Winter kalt mit Schnee, gibt Korn in jeder Höh'.

20.

Korona, Leo von Catania

Februar mit Schnee und Regen, deutet hin auf Gottes Segen.

21.

Petrus Damiani, Eleonora von England

*** Felix und Petrus zeigen an,
was wir 40 Tage für Wetter han.**

Ähnlich lautet die ebenfalls weit verbreitete Bauernregel: „Wie's Petrus und Matthias macht, so bleibt es noch durch 40 Nacht". Auch diese Bauernregel gehört zu den treffsichersten Regeln, die die Meteorologie unter den alten Bauernregeln ausgemacht hat. 21.–23. Februar waren schon bei unseren bäuerlichen Vorfahren wichtige Lostage – zu Recht, wie wir heute wissen. Anhand moderner Wetteraufzeichnungen konnte – zumindest für Nord- und Ostdeutschland, nachgewiesen werden, dass tatsächlich übernormal hohe Temperaturen um diese Zeit auch noch bis Ende März überdurchschnittliche Wärme zur Folge hatten, ist es dagegen um die Lostage zu kalt, bleibt auch diese Kälte erhalten. Auch in Bezug auf den Niederschlag trifft die Vorhersage zu.

22.

Isabella von Frankreich

**Wenn's friert an Petri Stuhlfeier,
friert's noch vierzig Male heuer.**

Petri Stuhlfeier

23.

Ramona

Wenn's im Februar regnerisch ist, hilft's so viel wie guter Mist.

24.

Matthias, Apostel

Sankt Mattheis wirft einen heißen Stein ins Eis.

Schon früh galt der Matthiastag als ein Vorbote des Frühlings, und so spielte er seit jeher in Volksglauben und Volksbräuchen eine besondere Rolle. Früher suchte man in der Matthiasnacht nach verborgenen Schätzen oder befragte das Orakel. Übrig geblieben sind heute vor allem zahlreiche Bauernregeln, die sich auf das Wetter an diesem Tag beziehen: „Mattheis bricht's Eis – find't er keins, macht er eins“, oder: „Wenn Matthias kommt herbei, legt das Huhn das erste Ei“, und: „Tritt Matthias stürmisch ein, wird's bis Ostern Winter sein“. Alle diese Regeln stimmen darin überein, dass um diesen Tag ein durchgreifender Wetterumschwung zu erwarten ist, eine Regel, die sich (eher in Süddeutschland) auch bestätigt hat.
Der heilige Matthias genießt in Bayern besondere Verehrung. Er war der Apostel, der erst nach dem Tod Jesu zu den Jüngern stieß, und wurde an Stelle des Judas von ihnen aufgenommen. Der Legende nach soll er im Jahr 63 den Märtyrertod gefunden haben. Dargestellt wird der Heilige oft mit einem Buch oder mit Steinen, auch mit einem Beil, einem Schwert oder einer Lanze ist er abgebildet. Sie sollen an seine Marterwerkzeuge erinnern.

25.

Walburga, Cäsarius von Nazianz

Im Februar zu viel Sonne am Baum
lässt dem Obst keinen Raum.

Viel Sonnenschein und Wärme im Februar kann den Obstbäumen großen Schaden zufügen: Durch die schon starke Sonneneinstrahlung am Tag und die noch sehr kalten Nachttemperaturen können Frostrisse auf der Rinde entstehen, die den Baum schädigen und das Wachstum mindern. Frühe Wärme lockt auch die Obstbaumblüten zur Unzeit hervor, sodass späte Fröste dann die Ernte eines ganzen Jahres vernichten können – vor allem bei früh blühenden Obstsorten.

26.

Mechthild, Gerlinde, Alexander

Alexander und Leander (27. Februar) riechen Märzluft miteinander.

27.

Markward von Prünn

Ist der Winter warm, wird der reichste Bauer arm.

28.

Roman, Lupicin, Silvana

Sankt Roman hell und klar, bedeutet ein gutes Jahr.

Während der kalten Jahreszeit legten die Hühner früher keine Eier, erst um den St.-Mattheis-Tag fing es in den Hühnerställen wieder an zu gackern. Nachdem man den Winter über mit eingekalkten Eiern vorlieb nehmen musste, kamen nun wieder die ersten frischen Eier auf den Tisch.

März

Der März oder Lenzmond ist der Fastenmonat vor Ostern. Die vierzigtägige Fastenzeit beginnt mit dem Aschermittwoch. Früher durfte ein gläubiger Christ in dieser Zeit nur einmal am Tag essen, das Trinken dagegen war nicht eingeschränkt. Und so ist es alte Tradition, dass in der Halbzeit zwischen Aschermittwoch und Karfreitag – meist am Sonntag vor Josefi – in Bayern die Starkbierzeit beginnt. Das Starkbier wird nur einmal im Jahr gebraut und ist doppelt so stark wie herkömmliches Bier, es sollte ja schließlich die magere Kost der Fastenzeit ausgleichen. Mit der feierlichen Weihe der Palmzweige am Palmsonntag beginnt am Sonntag vor Ostern das vorösterliche Brauchtum. In prächtigen Palmprozessionen gedenken die Christen des Einzugs Jesu in Jerusalem. Nach altem Brauch werden die Palmbuschen aus Weidenkätzchen, Buchsbaum, Wacholder oder immergrünen Stechpalmen gebunden. Die geweihten Palmbuschen bewahrt man im Haus sorgfältig auf. Die Zweige werden an das Kreuz im Herrgottswinkel gesteckt und in Stall und Scheune gebracht. Mit dem Palmsonntag beginnt die Karwoche, auch Stille Woche genannt. In dieser Zeit wurden keine Feste gefeiert, sogar Arbeiten wie das Waschen der Wäsche oder anstrengende, vor allem auch mit Lärm verbundene Tätigkeiten wurden nach Möglichkeit vermieden. Die Karwoche war auch eine strenge Fastenwoche, mit der man sich auf das Osterfest vorbereitete. Am Gründonnerstag beim „Gloria“ läuten die Glocken zum letzten Mal, um dann „nach Rom zu fliegen“. Erst beim „Gloria“ während der Auferstehungsfeier in der Osternacht werden sie wieder erklingen. Nicht umsonst hieß es früher: „Der Karfreitag ist still wie ein Grab“. Gestört wurde diese Ruhe lediglich durch das Klappern der Ratschen, mit dem die Gläubigen zum Kirchgang gerufen wurden. Viel Aberglaube rankte sich um den Karfreitag. Wurden an diesem Tag Obstbäume beschnitten, so sollte dies eine reiche Ernte bringen. In einigen Gegenden der Oberpfalz rupfte die Bäuerin dem Geflügel drei Federn aus, um die Tiere so vor Fuchs und Habicht zu schützen. Kein Brot durfte an diesem Tag gebacken werden, sonst blieb der Regen im kommenden Jahr aus, und nach altem Volksglauben sollten Haare und Fingernägel an diesem Tag nicht geschnitten werden.

Vielerorts wurden früher auch Karfreitagsprozessionen durchgeführt. Große Bilder und schwere Kreuze wurden bei diesen Prozessionen mitgetragen und mancherorts auch der Kreuzweg Christi mit Dornenkrönung und Geißelung recht realistisch dargestellt. Im 18. Jahrhundert verbot die katholische Kirche die Umzüge.
Etwa um die Mitte des Monats beginnt die Arbeit auf dem Feld: Verschiedene Getreidearten wie Hafer, Sommerweizen und -gerste müssen gesät werden. Das ist aber nur möglich, wenn der Boden aufgetaut und die Äcker schneefrei und nicht mehr allzu nass sind. Ganz langsam sollte der Frühling jetzt ins Land ziehen, wenn es nach den Bauern geht. Zu hohe Temperaturen im März – zeigt die Erfahrung – versprechen nichts Gutes: Aller Erfahrung nach folgt auf „Zeitiges Frühjahr – früher Herbst", und ein sonnig-milder März hat nasskalte Witterung im April und Mai zur Folge. Gewittert es im März schon, ist im Mai mit Kälterückfällen zu rechnen. Dagegen zeigen langjährige Beobachtungen, dass einem nass-kalten März weniger starke Spätfröste im Mai folgen und mehr Wärmeperioden im Sommer. Besonders für Süddeutschland hat sich die Regel bewährt: „Trockener März – trockener Juni".

März

1.

Albin (jetzt 22.6.), Felix III.

Regnet's stark zu Albinus, macht's dem Bauern viel Verdruss.

Am Mittwoch, Freitag und Samstag der ersten Fastenwoche sind die Quatembertage. Früher wurden die Quatemberwochen in der Fastenzeit, der Pfingstwoche, der dritten Septemberwoche und der dritten Dezemberwoche streng eingehalten. Die volkstümliche Bezeichnung war Fronfasten oder Weihfasten und Weichfasten. Wer um Quatember nicht zur Beichte oder zur Kommunion ging, zählte zu den „lauen" Christen.

2.

Agnes von Böhmen

Lässt der März sich trocken an, bringt er Brot für jedermann.

3.

Kunigunde (auch 13.7.), Camilla

St. Kunigund macht warm von unt'.

Der dritte Märztag galt früher als besonders wichtiger Lostag für das Wetter. So hoffte man, dass sich der Tag freundlich zeigt, denn „lachende Kunigund bringt frohe Kund". Frost und Kälte sollte es auf keinen Fall geben, denn man befürchtete, wenn es zu Kunigund fror, würde der Frost noch vierzig Nächte bleiben. Auch Regen war unerwünscht: „Ist Kundigunde tränenschwer, dann bleibt gar oft die Scheuer leer". Und auch Gewitter ließen nichts Gutes hoffen: „Donnert's um Kunigund, treibts der Winter noch lange bunt".

Die heilige Kunigunde war die Gemahlin Kaiser Heinrichs II. Sie galt auch als Patronin gegen die Eifersucht im Ehestand. Die Berichte über ihr Leben erzählen von vielen guten Taten und Werken der Nächstenliebe. Sie starb am 3. März 1033 im Kloster Kaufungen bei Kassel.

4.

Kasimir von Polen

Zu Anfang oder zu End, der März sein Gift versend't.

Zumindest teilweise wird diese Regel auch durch Wetterbeobachtungen bestätigt. Danach kommt es häufig Ende März zu einem Kälterückfall.

5.

Olivia, Dietmar

Märzenschnee tut Frucht und Weinstock weh.

6.

Fridolin von Säckingen, Kunigunde von Andechs

Feuchter, fauler März ist des Bauern Schmerz.

Mit dem beginnenden Tauwetter konnten früher endlich wieder die Kühe auf die Weide getrieben werden. Oft waren die Heuvorräte knapp, und im ausgehenden Winter stand das Vieh abgemagert im Stall, die Milchleistung wurde weniger. Die Frauen arbeiteten in diesem Monat meist noch im Haus. Nur der Bauerngarten konnte – in günstigen Gegenden und bei trockener Witterung – nun allmählich wieder bestellt werden. Hier wurden die Beete vorbereitet, der Boden gelockert und das erste Unkraut gejätet.

7.

Felizitas, Volker von Segeberg

**Schnee, der erst im Märzen weht,
abends kommt und morgens geht.**

März

8.

Johannes von Gott, Julianus von Toledo

Märzengrün ist bald wieder hin.

9.

Bruno von Querfurt, Franziska Romana

Säst du im März zu früh, ist's doch vergeb'ne Müh.

Im März war es für die Bauern endgültig vorbei mit der Winterruhe, die Arbeit auf dem Feld musste wieder begonnen werden. Vielerorts war es früher Brauch, zu Beginn der Getreidesaat ein Gebet zu sprechen. In manchen Gegenden im Bayerischen Wald wurde das Saatgut vom Bauern mit Weihwasser besprengt. Oft machte man auch beim ersten Wurf des Getreides ein Kreuzzeichen. Ein alter Bauernreim vor der Aussaat lautete: „Herr Jesus, wir bauen und säen, lass zwölf Engel beim Acker stehen. Zwei oben, zwei unten, die wachen zu allen Stunden."

10.

Gustav von Schweden

Am Vierzigmärtyrertag die letzte Kält noch halten mag.

11.

Rosina, Ulrich von Kaisheim

**Trockener März und nasser April
ist's, was der Bauer will.**

Ein nasser und kalter März lässt langjährigen Wetterbeobachtungen zufolge auf einen warmen Sommer hoffen. Allgemein gilt, auf einen nasskalten Vorfrühling folgen im Mai weniger Kälteperioden.

12.

Gregor von Nyssa (jetzt 3.9.), Engelhard, Beatrix

Gregor zeigt dem Bauern an, dass im Feld er säen kann.

Eine weitere Bauernregel für den heutigen Tag lautet: „Gregor steckt den Boden in Brand“, das heißt, die Erde erwärmt sich. Am Gregoritag fand in Niederbayern der erste Viehaustrieb statt. Früher schlossen an diesem Tag die Volksschulen, die Kinder wurden zur Arbeit gebraucht. Der heilige Gregor ist der Patron der Schuljugend. Mancherorts fanden ihm zu Ehren Schulfeste statt. Heute wird sein Gedenktag am Jahrestag seiner Weihe zum Bischof von Rom gefeiert.

13.

Judith von Ringelheim, Leander von Sevilla

*** Zeigt der März sich nass und kalt,
kommt auch im April kein Frühling bald.**

Einem zu kalten und nassen März folgt überdurchschnittlich häufig ein ebensolcher April. Diese alte Bauernregel haben die wissenschaftlichen Wetteraufzeichnungen der letzten hundert Jahre bestätigt. Das Gegenteil lässt sich mit der Statistik nicht belegen: Ein freundlicher März hat ebenso oft einen kalten wie einen warmen April zur Folge. Dass auf einen trockenen März ein trockener Juni folgt, trifft am ehesten in Süddeutschland zu.

14.

Mathilde, Einhard, Paulina von Thüringen

Märzenschnee und Jungfernpracht, halten oft nur eine Nacht.

Die Frauen waren früher im März noch überwiegend mit Arbeiten im Haus beschäftigt. Draußen konnte nur der Bauerngarten schon bestellt werden. Wenn es das Wetter zuließ, wurden die ersten Beete vorbereitet, der Boden gelockert und das erste Unkraut gejätet.

15.

Clemens M. Hofbauer, Zacharias

Märzenstaub bringt Gras und Laub.

In der Mitte der Fastenzeit wurden in den zahlreichen Orten Mittfastenmärkte veranstaltet. Diese Warenmärkte waren Anziehungspunkt für die Bevölkerung aus dem gesamten Umland. Für sie war die Fahrt zum Markt ein Höhepunkt im Alltagsleben. Sie wurde für Einkäufe in den örtlichen Geschäften genutzt, den Abschluss bildete – trotz der Fastenzeit – eine Einkehr im Wirtshaus.

16.

Heribert von Köln

**Unter dem Schnee im März
schlägt doch schon ein warmes Herz.**

17.

Gertrud von Nivelles, Patrick

Sonniger Gertrudentag Freud dem Bauern bringen mag.

„Gertraud sät Zwiebel und Kraut“, oder: „Sankt Gertrud legt Ent' und Put'“, heißt es in alten Bauernregeln. An St. Gertraud war es Zeit, der brütenden Henne Eier unterzulegen und mit der Arbeit im Garten zu beginnen. Langsam wurden die Spinnräder wieder aus der Stube geräumt, die Arbeit in Garten und Feld konnte beginnen.
In alten Bauernkalendern finden sich viele Hinweise auf die heilige Gertraud, die „erste Gärtnerin“. „Gertraud den Garten baut“, heißt es da, „An St. Gertraud ist es gut, wenn in die Erd' die Bohn man tut“, und: „Ist's an Gertraud sonnig, wird's dem Gärtner wonnig“. Die Gärtner sind es auch, die die Heilige zu ihrer Patronin erwählt haben. Natürlich wünscht man sich an diesem Tag schönes Wetter, denn gibt es heute Frost, soll der noch 40 Tage anhalten.

18.

Cyrill von Jerusalem, Eduard von England

Donnert's im März, so schneit es im Mai.

19.

Josef

Ist es an Josephus klar, folgt ein gesegnet' Jahr.

Der Josefitag galt den Katholiken früher als höchster Feiertag im Monat März – mit Ausnahme der Jahre, an denen Ostern in den März fiel. In Bayern ist der heilige Josef seit 1633 Landespatron, und lange Zeit war er hier auch einer der beliebtesten Namenspatrone. Fast in jedem Haus gab es Josefs, Sepperl, Sepps, Josefas und Josefinen. Und sie alle feierten an diesem 19. März daheim oder im Wirtshaus bei der Sepperlfeier ihren Namenstag, der den Katholiken wichtiger war als der Geburtstag. Bei den Bauern galt der Josefitag als wichtiger Lostag für das Wetter. „Ist 's am Josefstage schön, wird ein gutes Jahr man sehn", lautet eine weitere Bauernregel. Zu Josefi sollte der Hafer gesät sein, von nun an ging man wieder ohne Licht in den Stall. In der Volksfrömmigkeit wurde der heilige Josef als Schutzheiliger der Zimmerleute, Schreiner, Wagner und Holzfäller hochverehrt. Er ist aber auch der Patron der Totengräber, Reisenden und Verbannten sowie der Sterbenden.

20.

Claudia, Irmgard

*** Wie das Wetter zu Frühlingsanfang, ist es den ganzen Sommer lang.**

Wenn der Frühlingsanfang am 20./21. März überdurchschnittlich warm ist, so folgt in drei von vier Jahren auch ein überdurchschnittlich warmer Sommer. Für die Sommermonate im Einzelnen gilt, dass diese Regel hauptsächlich eine Aussage über den Juni zulässt, während sie beim

Juli auch noch übernormal häufig zutrifft. Für das Augustwetter lässt sich aus einem warmen Frühlingsanfang jedoch kein Schluss ziehen. Ebenso wenig kann man vom Frühlingsanfang auf die Niederschlagsmenge im Sommer schließen. Die Vorhersage gilt demnach hauptsächlich für die Temperaturen im Juni und Juli.

21.

Benedikt von Nursia (jetzt 11.7.), Christian von Köln

Willst du Gerste, Erbsen, Zwiebeln dick, so säe an St. Benedikt.

Mit dem heiligen Benedikt war über die Jahrhunderte zahlreiches Brauchtum verbunden. So wurden z. B. die „Benedikt-Schellen" geläutet, um böse Geister von Sterbenden fern zu halten, „Benedikt-Medaillen" oder „Benedikt-Pfennige" sollten Heilung für Mensch und Tier bringen und vor Blitz und Unwetter schützen.

22.

Lea, Elmar von Lidløm

Ist die Krähe nicht mehr weit, wird's zum Säen hohe Zeit.

Unser heutiger Kalender kennt zahlreiche Fest- und Feiertage. Die meisten haben ihren festen Termin im Jahreslauf. Das Osterfest dagegen variiert. Es findet jeweils am Sonntag nach dem ersten Vollmond im Frühling statt. Der 22. März ist also der frühestmögliche Termin für den Ostersonntag. Voraussetzung dafür ist, dass der 21. März ein Samstag ist und an diesem Tag Vollmond herrscht. Der spätestmögliche Termin für das Osterfest ist danach der 25. April. Nach dem Osterdatum richtet sich auch der Festkreis. Sieben Wochen vorher ist Faschingssonntag, drei Tage später beginnt mit dem Aschermittwoch die Fastenzeit, sieben Wochen nach Ostern ist das Pfingstfest. Da Ostern meist in den Monat April fällt, wurde für dieses Buch der 7. April als Termin für den Ostersonntag gewählt. Danach wurden alle weiteren Feste berechnet.

23.

Merbot von Bregenz, Rebekka

So viel der März an Nebel macht, so oft im Juni Donner kracht.

In zahlreichen Gegenden Bayerns wurden früher geistliche Spiele, die Weihnachts-, Dreikönigs-, Passions- oder Osterspiele, aufgeführt. Sie waren meist in einen feierlichen Gottesdienst eingebunden. In manchen Orten haben sich Reste dieser religiösen Spiele bis heute erhalten. So kommen in Dietfurt im Altmühltal jeden Donnerstag in der Fastenzeit zahlreiche Gläubige zu den Ölbergandachten, bei denen das Leiden Christi dargestellt wird.

24.

Gabriel (heute 29.9.), Katharina von Schweden

**Scheint auf St. Gabriel die Sonn,
hat der Bauer Freud und Wonn.**

25.

Jutta von Bernried, Manuel

**Zu Mariä Verkündigung kommen
die Schwalben wiederum.**

Mariä Verkündigung

„An Mariä Geburt (8. September) fliegen die Schwalben furt“, sagt eine weitere Bauernregel. Die Schwalben gelten noch heute als die Boten des Frühlings. Nach altem Volksglauben zählte der Tag zu den Unglückstagen. Am heutigen Tag, so glaubte man, sei die Welt erschaffen worden. Mariä Verkündigung war auch ein wichtiger Lostag für das Wetter, denn wenn heute schönes Wetter ist, dann kommt ein fruchtbares Jahr. Fruchtbarkeit sagte der Volksmund auch den Frauen nach. Mariä Verkündigung mache die Frauen schwanger, weil auch die Mutter Gottes an diesem Tag schwanger geworden war. Im Osten wird das Fest bereits seit der Mitte des 5. Jahrhunderts gefeiert. Sein Datum leitet sich vom Weihnachtsfest am 25. Dezember ab.

26.

Luitger von Münster, Kastulus, Felix von Trier

Gewitter im Märzen gehen dem Bauer zu Herzen.

Auch diese Regel zählt zu den bewährten Wetterregeln und wurde durch die modernen Klimastatistiken bestätigt. Die Aufzeichnungen haben gezeigt, auf Gewitter im März folgen meist Kälterückfälle im Mai. Ist das im Wetter im März dagegen nasskalt, besteht im Mai weniger die Gefahr von späten Frösten. Ein nasskalter März lässt auch auf mehr Wärmeperioden im Sommer hoffen.

27.

Rupert von Salzburg (heute 24.9.)

*** Hält St. Rupert den Himmel rein,
so wird es auch im Juli sein.**

Tatsächlich zeigen auch neuere Überprüfungen dieser Bauernregel, dass in drei von vier Fällen nach einem überdurchschnittlich sonnigen 28. März auch der Juli mehr Sonnentage als normal haben wird. Auch der Umkehrschluss bestätigt sich: Wenn es Ende März wenig Sonnenschein gibt, so ist auch ein sonnenscheinarmer Juli zu erwarten.

28.

Guntram

**Wenn die Vögel putzen die Federn,
wollen sie den Regen ködern.**

29.

Ludolf von Ratzeburg, Berthold von Kalabrien

Der März greift dem Winter ans Herz.

30.

Roswitha von Gandersheim, Amadeus IX. von Savoyen

Langer Schnee im März bricht dem Bauern das Herz.

31.

Guido von Pomposa, Benjamin

Der März soll wie ein Wolf kommen und wie ein Lamm gehen.

Palmsonntag

Im Mittelpunkt des Palmsonntags steht die Weihe der Palmbuschen. Mit den geschmückten „Palmbesen“ werden im Haus die Kreuze geschmückt, früher wurden auch unter das Hausdach einige Palmzweige gesteckt, damit der Blitz nicht einschlagen konnte. Am Nachmittag des Palmsonntags ging der Bauer auf die Felder und steckte Palmzweige in die Erde, das sollte eine gute Ernte bringen. Man war überzeugt, wenn der Palmzweig grün ausschlägt, so schützt er gegen Hexen und Unholde, und wer mit einem „Palmbesen“ dreimal um das Haus geht, dessen Geflügel bleibt vor Fuchs und Habicht verschont. In einigen Gegenden der Oberpfalz gab man bei der Grundsteinlegung einige Palmkätzchen mit in die Erde. Auch als Orakel wurden die Palmzweige befrage. So viel Kätzchen am Zweig sind, so viel Getreideschober erhält der Bauer im Sommer. Auch Sagen ranken sich um den Palmsonntag. Wenn der Priester am Palmsonntag die Passion singt, dann öffnet sich die Erde. Aber nur Sonntagskinder finden die darin verborgenen Schätze und dürfen sie heben.

April

Der April ist der Monat, in den meist das Osterfest fällt. Zahlreiche Bräuche gab es früher um dieses höchste Kirchenfest. Alle Trauer der Kartage ist vergessen, wenn in der Osternacht die Glocken die Auferstehung verkünden. Vor der Kirche wird ein großer Holzstoß entzündet, und aus dem geweihten Osterfeuer nimmt der Pfarrer das Licht für die Osterkerze. Diesem Osterfeuer wurde eine ganz besondere Segenskraft zugesprochen, und es sollte in jedem Haus sein. Meist machten sich die Kinder auf den Weg, um das Feuer in die Häuser zu tragen. Zum Überbringen des Osterfeuers dienten Laternen oder auch getrocknete Baumschwämme, die an einer langen Eisenstange in die Glut gesteckt wurden. Ein Brauch, der sich bis heute erhalten hat, ist die Speisenweihe am Ostermorgen. In einem Korb werden gefärbte Eier, der Osterschinken und mancherorts auch Meerrettich, Salz, ein Apfel und natürlich ein gebackenes Osterlamm zur

Kirche getragen. Zum Osterfrühstück kommen die geweihten Speisen dann auf den Tisch. Früher achtete die Bäuerin streng darauf, dass nichts übrig blieb oder gar verdarb. Auch mussten unter den Eiern „Antlasseier" – am Gründonnerstag gelegte Eier – sein. Ihnen wurde eine besondere Heilkraft nachgesagt, sie sollten vor Krankheit schützen und die Gesundheit stärken. Die Schalen der Antlasseier wurden verbrannt oder in Hühnerställen, Gärten, oft auch unter Grenzzäunen vergraben. Ganze Antlasseier vergrub man auch im größten Feld, hier sollten sie reichen Erntesegen bringen. Nach dem reichhaltigen Osterfrühstück trafen sich Kinder und Erwachsene zu den verschiedenen Eierspielen. Besonders beliebt war das Eierpecken. Dabei schlagen zwei Personen jeweils ihr hart gekochtes Ei mit der Spitze so lange gegeneinander, bis eine der Eischalen bricht.

In der Nacht zum Ostermontag schlichen im Bayerischen Wald die Burschen zu den Mädchen und holten sich ihr „Osterpackerl", ein oder mehrere unverpackte Eier. Wollte das Mädchen von dem jungen Mann aber nichts wissen, dann bekam er die Eier schön verpackt. Blieb ein erwarteter Bursch aus, dann wusste das Mädchen, dass es nichts war mit der Lieb.

Am Ostermontag traf man sich zum Emmausgehen. Da wurden am Nachmittag Eltern, Geschwister und Verwandte besucht. In einigen Gegenden der Oberpfalz wurden an diesem Tag auch die Pateneier verteilt. Mit einem Korb voller Eier wurden alle Paten und Patenkinder der Familie besucht. Jeder bekam meist 15 Eier und einen schönen Osterfladen. Wichtig war vor allem die ungerade Zahl, denn paarige Geschenke sollten die Freundschaft aufkündigen.

Im April beginnt es in der Natur wieder zu grünen. Auch der Bauer schaut auf seinen Feldern nach den im März ausgebrachten Saaten. Das frisch gekeimte Getreide ist, ebenso wie die früh blühenden Obstbäume, empfindlich gegenüber den starken Nachtfrösten, die im April immer noch auftreten können. Regen und sogar Schnee im April werden aber als normal empfunden, ja, sie sind sogar erwünscht – kündigen sie doch laut einigen bewährten Wetterregeln einen warmen Frühsommer an: „Nass-kalter April, milder Mai“, heißt es zum einen, und: „Nasser April, sonnig-warmer Juni“, aber: „Sonnig-milder April, Spätfrost im Mai/Juni“.

April

1.

Hugo von Boneraux

Säen am ersten April verdirbt den Bauern mit Stumpf und Stiel.

Nach altem Volksglauben wurde an diesem Tag Judas der Verräter geboren. Deshalb galt der erste April als einer der größten Unglückstage des Jahres. Man sollte an diesem Tag keine Hochzeit halten, keine Reise machen, ja, nicht einmal die Haare sollten geschnitten werden.
Seit etwa 400 Jahren gibt es an diesem Tag das „In-den-April-Schicken". In ganz Europa und sogar in Amerika und Asien ist dieser Brauch bekannt. Überall gilt der erste April als ein Tag des Lachens, über andere und auch über sich selbst. Zum ersten Mal ist der Brauch in Bayern 1618 nachgewiesen, 1631 auch in Deutschland außerhalb Bayerns und in den Folgejahren auch in anderen Ländern Mitteleuropas. Wer auf einen Aprilscherz hereinfällt, wird Aprilesel genannt, oder auch Aprilnarr, in England „april fool".
Woher der Brauch kommt, ist nicht bekannt. Das oft trügerische, wetterwendische Wetter kann den Brauch nicht erklären. Denn den Aprilscherz gibt es auch in südlichen Ländern, wo im April durchgehend mildes, sonniges Wetter herrscht. So manche Hausfrau hatte früher für diesen Tag sogar Scherzrezepte parat. Da gab es dann „falsche Blutwurst" aus Scholokade und Marzipan oder „falsches Bier".

2.

Franz von Paola

**Im April muss der Holunder sprossen,
sonst wird des Bauern Mien' verdrossen.**

3.

Christian, Richard von Chichester

**Wer an Christiani säet Lein,
bringt schönen Flachs in seinen Schrein.**

4.

Ambrosius, Isidor von Sevilla

Wer sehr gerne Erbsen mag, säe sie am Gründonnerstag.

Gründonnerstag

Der Gründonnerstag, in manchen Gegenden auch Antlasstag oder Antlassfinsta genannt, ist der Auftakt der Karwoche. Es durfte an diesem Tag nicht geschlachtet, gebacken, gewaschen und geputzt werden. Die Bezeichnung „Gründonnerstag" legte man früher wörtlich aus (eigentlich kommt „grün" von „greinen" = weinen), und traditionell wurden besonders grüne Speisen aufgetischt – allen voran die noch heute bekannte Gründonnerstagssuppe aus neunerlei Kräutern, darunter Kerbel, Petersilie und Schnittlauch. Von besonderer Bedeutung waren auch die „Antlasseier", am Gründonnerstag gelegte Eier. Ihre Schalen wurden im Feld vergraben, um die Saat zu schützen, vor dem Haus sollten sie Brand und Blitzschlag abhalten. Und natürlich durfte das Antlassei in keinem Speisekorb bei der Osterweihe fehlen.

5.

Vinzenz Ferrer

Wächst das Gras schon im April, steht es dann im Maien still.

Karfreitag

Der Karfreitag ist der Tag der Trauer. Früher rankte sich auch vielerlei Aberglaube um diesen bedeutungsvollen Tag. Besonders das Karfreitagswasser – alles an diesem Tag aus Flüssen und Bächen geschöpfte Wasser – galt als heil-, ja sogar zauberkräftig. Wo das Wasser die Haut berühre, heile es Wunden, Hautkrankheiten und, wenn man es trinkt, auch alle anderen Gebrechen. Kleinen Kindern brachte die Mutter das Wasser nach Hause, wusch die Kinder damit und trug das Waschwasser dann wieder in den Fluss, damit er alle Krankheiten forttrage. Mit dem Wasser wurden auch Stall und Haus gereinigt, Tiegel und Pfannen gescheuert und die Blumen gegossen. Am Karfreitag sollte nichts ausgeliehen werden, denn „nur Hexen borgen sich etwas an diesem Tag". Da die Glocken bis zur Osternacht schweigen, werden die Gläubigen von Ministranten mit hölzernen Ratschen zu den Andachten gerufen.

6.

Cölestin, Bertha

**Wenn die Birke Kätzchen hat,
ist es Zeit zur Gerstensaat.**

Karsamstag

Am Karsamstag wurden vor der Kirche die Osterfeuer oder Judasfeuer entzündet. In einigen Gegenden entzündete man Holzscheite an dem Feuer, um damit Haus und Stall auszuräuchern. Auch Späne wurden angesengt, die dann zu Kreuzen verbunden und auf die Äcker getragen wurden. Um Unheil von den Äckern fern zu halten, steckte man diese „Judaskreuze“ an drei oder vier Ecken der Felder und besprengte sie mit Weihwasser.

In den Haushalten herrschte früher emsige Betriebsamkeit. Der Karsamstag war auch der Tag des Eierfärbens für Ostern. Dazu verwendete man Safran, Rötelfarbe, Zwiebelschalen oder Moos. Ihren Glanz bekamen die Eier durch Abreiben mit einer Speckschwarte.

7.

Johann Baptist de la Salle

**Bringt April viel Regen,
deutet das auf Segen.**

Ostersonntag

Am Morgen des Ostersonntags hatten es früher die jungen Mädchen eilig. Sie gingen zu einer Quelle, um sich dort mit dem frischen Wasser zu waschen, denn das sollte nach altem Volksglauben vor Schönheitsfehlern bewahren. Allerdings mussten dabei drei Bedingungen erfüllt werden: Man durfte beim Osterwasserholen nicht angesprochen werden, es musste vor Sonnenaufgang geschehen und es musste fließendes Wasser sein. Noch vor dem Taganläuten ging der Bauer mit seiner Familie und den Dienstboten um seine Felder, dabei wurde gemeinsam der Rosenkranz gebetet. Auch die Pferde brachte man auf das Feld, damit sie von der aufgegangenen Saat fressen. Nach der Speisenweihe in der Kirche und dem festlichen Osterfrühstück kamen in manchen Gegenden die Kinder zum Eierholen. Die Mägde suchten die Hühnernester ab, denn die heute gelegten Eier gehörten ihnen, die am Ostermontag gelegten bekamen die Knechte.

8.

Walter, Beate

*** Wie's im April und Maien war, so wird das Wetter im ganzen Jahr.**

Ostermontag

Diese bewährte Bauernregel bezieht sich nach aller Erfahrung auf die Temperaturen und die Sonnenscheindauer, nicht aber auf die Niederschlagsmenge. Man könnte also sagen: Je wärmer und sonniger April und Mai, desto wärmer und sonniger wird das ganze Jahr werden.
Wetterbeobachtung und das Deuten der Zeichen in der Natur gingen immer Hand in Hand mit abergläubischen und religiösen Ritualen, durch die man die Felder fruchtbar machen und vor Unheil bewahren wollte. Die Bauern sicherten sich sozusagen nach allen Seiten ab. Besonders an so hohen Festen wie Ostern gibt es, wie wir gesehen haben, eine Vielzahl von christlich überformten Bräuchen aus vorchristlicher Zeit, mit denen man auf Wetter, Ernte und Fruchtbarkeit einwirken wollte. Einige dieser Bräuche haben bis weit ins 20. Jahrhundert überlebt. Erst die rasante Entwicklung der letzten fünfzig Jahre hat den meisten überlieferten Bräuchen den Garaus gemacht.
So begab sich früher in der Nacht von Ostersonntag auf Ostermontag der Bauer mit einem Knecht, der ein Gefäß mit Weihwasser trug, auf seine Felder. Dort wurden die am Ostersonntag geweihten Saalbüschel in die Erde gesteckt und Äcker und Wiesen mit Weihwasser besprengt.

9.

Waltraud, Konrad I. von Salzburg

Wenn der Kuckuck am 9. April nicht gesungen hat, ist er erfroren.

Nach Ostern machte sich der Pfarrer früher auf zum Beichtzettelsammeln. Fein säuberlich lagen die Beichtzettel auf dem Stubentisch bereit, so viele, wie erwachsene Bewohner, Kommunionkinder, Knechte und Mägde auf dem Hof waren. Manchmal lag neben jedem Beichtzettel ein Ei, das von der Pfarrerköchin dann zusammen mit den anderen eingesammelten Eiern in Kalkwasser eingelegt wurde.

10.

Ezechiel, Engelbert von Admont

Leinsamen sä' an St. Ezechiel, dem 100. Tag nach Neujahr, so gedeiht er wunderbar.

11.

Stanislaus von Krakau, Rainer von Osnabrück

April und Weiberwill – ändern sich schnell und viel.

Die Woche nach Ostern, die Osteroktav, war früher eine Festwoche – und damit auch arbeitsfrei. Die Bauern konnten sich allerdings keinen Müßiggang erlauben: Auch in Gegenden mit rauem Klima wurde nun gesät, teilweise konnte man schon Kartoffeln legen und Zuckerrüben bauen. Im rauen Klima des Voralpenlands sagt man aber bis heute über die beste Zeit zum Kartoffelsetzen: „Setzt du mich im April, kimm i wann i will. Setzt du mich im Mai, kimm i glei."

12.

Herta, Heinrich von Grünenwörth

Trockener April stellt die Mühlen still.

13.

Ida, Martin I.

Je mehr im April die Regen strömen, desto mehr wirst du vom Felde nehmen.

Langjährige Klimaaufzeichnungen haben ergeben, dass hinsichtlich der Niederschlagsmengen im April kein Zusammenhang mit den Sommermonaten festgestellt werden kann. Den Beobachtungen zufolge hat ein verregneter April auch keinen Einfluss auf das Wetter im Juni.

14.

Tiburtius, Lidwina

Am Tiburtiustag die Natur nun endlich grünen mag.

Weißer Sonntag

„Wenn Tiburtius schellt, wird grün das Feld.“, heißt es in einer anderen Regel. So kalt der April auch sein mag – um die Mitte des Monats scheint das Grün geradezu zu explodieren. Die Saaten auf den Feldern erscheinen in zartem Hellgrün, die Bäume schlagen aus und an Waldrändern und auf sonnigen Wiesen blühen die schönsten Frühlingsblumen: Buschwindröschen und Schlüsselblumen, Veilchen und vielleicht die letzten Leberblümchen. In den Gärten verblühen schon die ersten Narzissen, und die Tulpen öffnen ihre Blüten.

Die Bezeichnung „Weißer Sonntag“ für den Sonntag nach Ostern ist sehr alt. In der frühen Kirche trugen alle Täuflinge, die in der Osternacht getauft worden waren, ihre festlichen weißen Kleider eine Woche lang. Erst am Abend des darauffolgenden Sonntags wurden sie wieder ausgezogen. Ab dem 18. Jahrhundert hatte der Weiße Sonntag dann seine Bedeutung als Tag der Erstkommunion. In einigen Gegenden wurde früher am Weißen Sonntag nur weißes Essen auf den Tisch gebracht. Neben einer weißen Suppe gab es Geflügel, Kalbfleisch oder Fisch, die Nachspeise bestand aus (Ei-) Schneeklößchen mit Vanillesauce oder Vanilleeis mit Sahne.

15.

Nidgar von Augsburg, Huna

Aprilschnee ist besser als Schafsmist.

16.

Bernadette Soubirous, Magnus von Schottland

Im April nochmal ’nen Schnee, keinem Bauern tut er weh.

April

17.

Rudolf von Bern, Eberhard von Wolfegg

Bläst im April der Nord, so dauert gutes Wetter fort.

Diese Wetterregel wird wohl eher aus dem Norden Deutschlands stammen. Die Ursache für das wechselhafte Aprilwetter ist nämlich im kalten Polarwind aus Norden zu suchen. Der Kontinent hat sich im Süden schon erwärmt, sodass die kalte Luft erwärmt vom Boden aufsteigt. In der Höhe kondensiert der Wasserdampf und lässt Schauerwolken entstehen. Die dafür aus der Höhe absinkende Luft enthält dann weniger Feuchtigkeit und führt zu Aufhellungen zwischen den Schauerwolken. Je weiter der kalte Wind aus dem Norden also nach Süden vordringt, desto eher führt er zu Schauerwetter und nicht zu einem Fortbestand des guten Wetters.

Der 17. April, der Tag des heiligen Rudolf, galt in früherer Zeit als Unglückstag. Er war aber auch ein Stichtag für die Arbeit auf dem Feld. Spätestens an diesem Tag sollte mit dem „Erdäpfelstecken" begonnen werden. Beim Kartoffelsetzen musste die ganze Familie mithelfen. In die Furchen wurde Mist gelegt, dann konnten die Kartoffeln gesetzt werden. Kartoffeln waren vor allem in der Oberpfalz das Hauptnahrungsmittel der Bauern. Zu Knödel, Maultaschen, Nudeln, Salat oder Suppe verarbeitet kamen sie fast jeden Tag auf den Tisch.

18.

Alexander von Alexandria

Heller Mondschein im April schadet der Blüte viel.

19.

Leo IX., Gerold von Großwalsertal

April, dein Segen heißt Sonne und Regen.
Bloß den Hagel, den häng' an den Nagel.

20.

Odette, Wilhelm der Pilger

**Je früher im April der Schlehdorn blüht,
desto früher der Schnitter zur Ernte zieht.**

Die Schlehensträucher waren früher überall zu finden. Sie wuchsen wild an Feldrainen und Waldrändern und tupften die Natur im April mit ihren zahlreichen weißen Blüten. Je wärmer es war, desto früher blühte die Schlehe und desto schneller wuchsen natürlich auch Gras und Getreide. Interessant an der Bauernregel ist aber auch, wie viel Aufmerksamkeit man der Schlehe früher noch widmete, während diese Wildfrucht heute fast vergessen ist. Wie bei vielen anderen einheimischen Sträuchern wusste man nämlich früher fast alle Pflanzenteile des Schlehdorns zu nutzen. Die Blüten wurden früher als mildes Abführmittel verwendet. „Die Schlehdornblüten" wusste schon Pfarrer Kneipp „sind das schuldloseste Abführmittel". Der Blütentee wird noch heute – wegen seiner milden Wirkung – vor allem Kindern verordnet. Daneben gelten die Blüten auch als gutes Herztonikum. Die Früchte lieferten, in Essig und Zucker süßsauer eingelegt, ein wohl schmeckendes Kompott. Mit Branntwein, Zucker und Gewürzen wurde der Schlehenlikör angesetzt und die mit Zucker vergorenen Früchte destillierte man zum Schlehengeist. Die grünen Blätter ergaben getrocknet einen beliebten Blutreinigungstee.

21.

Konrad von Parzham, Anselm von Canterbury

**Bläst der April mit beiden Backen,
gibt's genug zu jäten und zu hacken.**

22.

Opportuna

*** Gewitter um Georgiustag (23.), folgt gewiss noch Kälte nach.**

23.

Georg, Adalbert von Prag

**Ist Georgi mild und schön,
wird man noch schlecht Wetter sehn.**

Gewitter entstehen bei großen Temperaturgegensätzen in der Atmosphäre, wenn es also tagsüber für April „mild und schön" ist. Wie wir eingangs schon gehört haben, deutet ein im Durchschnitt zu warmer und sonniger April also ziemlich zuverlässig auf drohende Spätfröste im Mai und einen Kälterückfall im Juni hin.
Der heilige Georg ist der Erste der 14 Nothelfer und einer der wichtigsten Heiligen im Bauernkalender. Als berittener Drachenbesieger wurde er Schutzpatron der Reiter und Krieger und Pferdepatron. Früher fanden um den Georgitag zahlreiche Georgiritte statt. Einer der wenigen alten Georgiritte, die bis heute überlebt haben, wird meist am 2. Sonntag im April in Stein an der Traun/Obb. abgehalten.
Zwar war der Lichtmesstag der Neujahrstag im Bauernkalender, das Arbeitsjahr aber begann erst so recht ab Georgi, dem „Girgltag".
Das Korn sollte jetzt so hoch stehen, „dass eine Krähe sich darin verstecken kann". Und auf Georgi musste es warm werden, denn: „Auf Georgi warm, zu Pauli Bekehr (25.1.) nicht futterarm". Früher glaubte man, in der Georgsnacht hätten Hexen und andere Unholde große Macht, so könnten etwa verwunschene Kröten Krankheiten in den Stall und in das Haus ziehen. Aber Glückskinder würden in dieser Nacht Schätze finden.

24.

Fidelis von Sigmaringen, Egbert von Irland

*** So lange es vor St. Markus (25. April) warm ist,
so lange ist es nachher kalt.**

„April recht trocken, macht die Keime stocken", und: „Trockner April stellt die Mühlen still", – auch diese beiden Bauernregeln sagen aus, wovor sich der Landwirt fürchtet: Nicht vor einem nassen April, der den Saaten gleichmäßige Feuchtigkeit bringt, sondern vor zu wenig Niederschlägen, vor Trockenheit und Sonne. Hier zeigt sich wieder der Unterschied dessen, was für die Bauern ein guter April ist und was wir heute als gutes Aprilwetter auffassen würden. Während wir uns über Sonne und Wärme möglichst ohne störende Regengüsse freuen, um die ersten Fahrradtouren des Jahres zu unternehmen oder faul im Liegestuhl zu liegen, ist ein gleichmäßig feuchter April Voraussetzung für gutes Wachstum von Wiesen und Getreide.

25.

Markus, Evangelist

St. Georg (23. April) und St. Mark's drohen oft was Arg's.

Die Sonne im April hat schon viel Kraft, doch ist ihr nicht zu trauen, denn gerade im ausgehenden April treten oft herbe Kälteeinbrüche auf, wie diese Bauernregel so treffend formuliert. Eine weitere Unheil verheißende Wetterregel für den Markustag lautet: „Regnet's am Sankt-Markus-Tag, kann's dauern gleich noch vierzig Tag". Am Markustag war zumindest eine Regenpause erwünscht, weil an diesem Tag der erste Flurumgang stattfand. In den Kirchen wurde zum ersten Mal der Wettersegen gebetet, der dann bis zum Fest der Kreuzerhöhung am 14. September immer nach den Gottesdiensten seinen festen Platz hatte. Am Markustag durfte nach altem Volksglauben kein Ochse eingespannt werden, sonst wird er am Kopf „weh".

26.

Trudpert

Der April kann rasen, nur der Mai hält Maßen.

Langjährige Wetterbeobachtungen haben ergeben, dass zwischen dem 25. und 27. April häufig mit einer Kälteperiode gerechnet werden muss. Diese Wetterregel trifft vor allem dann zu, wenn es vor dem 25. außergewöhnlich warm war. Insgesamt folgt auf einen zu warmen April in zwei von drei Fällen ein warmer Sommer.

27.

Petrus Kanisius, Zita

Auf des heiligen Peters Fest, sucht der Storch sein Nest.

Viele Tiere wie Kröten, Katzen oder auch Blindschleichen spielten früher im Aberglauben eine große Rolle. Sie wurden mit Teufeln und Hexen in Verbindung gebracht und gefürchtet oder gemieden. Anders war es in manchen Gegenden, etwa der Oberpfalz, mit der Natter. Hier gab es sogar die „Hausnatter", der man abends ein Schüsselchen Milch vor die Tür stellte. Sie sollte Haus und Hof Glück bringen. Einige Oberpfälzer Sagen erzählen von der so genannten Krönlnatter, die dem Menschen, der sie sieht Glück und Reichtum bringt. Begegnet sie einem Mädchen, so stehe eine baldige Heirat an. Auch erzählte man, dass an bestimmten Tagen, darunter am Georgstag, den Schlangen das Gift entzogen sei. Tiere wurden auch zur Wettervorhersage herangezogen. Einige dieser Beobachtungen haben durchaus ihre Gültigkeit. Wenn zum Beispiel Bergdohlen in Scharen zu Tal fliegen, brauen sich mit Sicherheit Regenwolken oder Gewitter zusammen. Und sogar Schnecken können als Wetterpropheten dienen. Kriechen kleine Schnecken vermehrt an Grashalmen oder Baumrinden nach oben, stehen mindestens ein bis zwei Regentage bevor. Sind Bienen besonders agressiv, ist das ein Zeichen für einen bevorstehenden Wetterumschwung.

28.

Vidal, Pierre Chanel, Hugo von Cluny

Friert's an St. Vidal, friert es wohl noch fünfzehnmal.

29.

Katharina von Siena

Wohl hundertmal schlägt's Wetter um,
das ist des Aprils Privilegium.

30.

Pius V., Rosamunde

Regen auf Walpurgisnacht hat immer ein gutes Jahr gebracht.

Hexen und alle bösen Geister treiben nach altem Volksglauben ihr Unwesen in der Walpurgisnacht, der Nacht zum 1. Mai. Früher wurde zu ihrer Abwehr Salz auf die Türschwelle gestreut. Damit sich die Hexen darin verfangen, hat man auch den Besen mit dem Reisig nach oben an die Hausmauer gestellt. Zur Hexenabwehr nagelte man am letzten Apriltag drei Kreuzdornzweige kreuzweise über die Fenster, die Strümpfe der Kinder wurden kreuzweise vor die Betten gelegt. In der Freinacht wurden aber auch Liebschaften aufgedeckt, mit Kalk oder Sägemehl streute man dazu von Haus zu Haus einen Weg zwischen heimlichen Liebenden. Braven Mädchen stellten die Burschen geschmückte Fichtenbäume vors Fenster. Schlechter erging es „bösen" Mädchen, Klatschbasen oder alten Jungfern. Sie bekamen einen dürren Baumwipfel als „Schandbäumchen". Bis heute werden mancherorts in der Freinacht Streiche gespielt. Besonders beliebt ist es, dem Nachbarn nicht ordentlich verstaute Geräte und Maschinen „aufzuräumen", also zu verstecken oder manchmal sogar aufs Dach zu stellen. Doch die Zaubernacht hat auch ihr Gutes: Heilkräuter, die in dieser Nacht gesammelt werden, sollen ganz besondere Heil- und Zauberkraft entfalten. Und die jungen Mädchen können versuchen, einen Blick in die Zukunft zu werfen. Denn wenn sie in der Walpurgisnacht auf einem roten Tuch schlafen oder sich an den Bauch eines Pferdes legen, dann könnte es sein, dass ihnen ihr Zukünftiger im Traum erscheint.

Mai

Am 1. Mai ist in vielen Orten Süddeutschlands harte Arbeit angesagt. Von den Burschen des Dorfes wird der Maibaum aufgestellt. Von Region zu Region hat dieser Baum ein anderes Aussehen. Mal wird er mit der Rinde aufgestellt, ein andermal ist er in den Farben Bayerns weiß-blau gestrichen. Der Wipfel wird mit bunten Bändern behängt und mit einem Kranz geschmückt, in einigen Orten zieren den Baum geschnitzte Figuren oder Zunftzeichen der örtlichen Handwerker. Vierzig Tage nach Ostern wird das Fest Christi Himmelfahrt gefeiert. Drei Tage vor diesem Feiertag beginnen die so genannten Bitttage. Nach alter Tradition machten sich die Gläubigen früher bereits frühmorgens zusammen mit dem Pfarrer und den Ministranten auf den oft langen Weg zu einer der Kirchen in der Nachbarschaft, um für Fruchtbarkeit und gutes Wetter für die Ernte zu beten. Viele Pfarreien pilgerten auch zu einer weit entfernten Wallfahrtskirche, oft waren die Bittgänger einen ganzen Tag unterwegs. Am

Schluss erteilte der Priester mit dem Wetterkreuz den Wettersegen, um Nässe und Dürre, vor allem aber Blitz und Unwetter von der Ernte abzuhalten. Um die Mitte des Monats, vom 12. bis 15. Mai, herrschen die Eisheiligen. Um diese Zeit ist auch in den rauen Gegenden des Voralpenlandes und Ostbayerns mit den allerletzten Spätfrösten zu rechnen. Danach können dann endgültig alle frostempfindlichen Pflanzen ins Freie, Sommerblumen und aus wärmeren Gefilden stammende Gemüsesorten werden im Freiland kultiviert – um so genauer wird deshalb mitten in der Hauptwachstumszeit die Witterung beobachtet. Bewährt haben sich in langen Jahren folgende Beobachtungen: Auf einen feucht-kühlen Mai folgt oft ein warmer Juni, und im Gegensatz dazu hat ein trockener Mai häufig einen verregneten Juni zur Folge. Endet der Mai heiß, beginnt der Juni oft nass und kalt. Ist es um den 12. Mai herum, wenn man eigentlich mit dem Kälteeinbruch der Eisheiligen rechnet, aber warm, dann sind oft auch Oktober und November mild. Auch viele Wolken Ende Mai deuten auf einen angenehmen und warmen Herbst hin. Das Himmelfahrtsfest selbst gehörte zu den

Höhepunkten im Kirchenjahr. Noch heute ist in vielen Kirchen am Deckengewölbe das „Heiliggeistloch“ zu sehen. Am Himmelfahrtstag wurde unter dem Loch ein Tisch mit Blumen und Kerzen aufgestellt, in der Mitte stand eine Figur des auferstandenen Christus mit der Osterfahne. Diese Figur wurde dann während der Nachmittagsandacht mit einem Strick in die Höhe gezogen. So konnten alle die Himmelfahrt Christi mit eigenen Augen miterleben.

Genau fünfzig Tage nach Ostern folgt das Pfingstfest. Auch die Aussendung des Heiligen Geistes wurde den Gläubigen früher anschaulich vorgeführt. Während der Messe flog aus dem „Heiliggeistloch“ eine lebendige Taube, später wurde eine hölzerne Taube herabgelassen. Während dieser kirchliche Brauch fast ausgestorben ist, haben sich in Süddeutschland zahlreiche weltliche Pfingstbräuche bis heute erhalten. So gibt es in einigen Orten den seltsamen Brauch des „Wasservogelsingens“. Wasserfest angezogen ziehen junge Burschen von Hof zu Hof und singen Löbliches, aber auch Spottverse auf die Bewohner, die sich mit einem Kübel voll Wasser dafür rächen dürfen.

Mai

1.

Josef der Arbeiter, Arnold von Hiltensweiler

**Kommt der 1. Mai mit Schall,
bringt er Kuckuck und Nachtigall.**

Maifeiertag

Der erste Mai ist ein sehr alter Festtag. Schon in vorchristlicher Zeit wurde der Frühlingsbeginn um diese Zeit gefeiert. Wahrscheinlich geht auch unser heutiger Brauch des Maibaumaufstellens bis in germanische Zeit zurück.

Im Wonnemonat Mai – wie ihn übrigens schon Karl der Große nannte – heiratet man heute gern. Das Wetter ist oft mild, die Natur präsentiert sich so üppig und von Blumen übersät wie selten im Jahr und die Menschen sind voller Freude über den Beginn der warmen Jahreszeit. In dem vom bäuerlichen Arbeiten bestimmten Leben unserer Vorfahren wurde auf dem Land im Mai nicht geheiratet. Da gab es zu viel zu tun, niemand hätte Zeit und Muße gehabt, eine Hochzeit auszurichten. Geheiratet wurde gern nach der Ernte im späten Herbst – dann durfte auch noch ausgelassen gefeiert werden, bis die Adventszeit begann und damit öffentliche Tanzveranstaltungen verboten waren.

2.

Athanasius, Konrad von Seldenbüren

Wenn's im Mai viel regnet, ist das Jahr gesegnet.

3.

Philipp und Jakob., Apostel

Zu Philipp und Jakobi Regen, bedeutet viel Erntesegen.

Am 3. Mai – dem früheren Tag der Kreuzerhöhung – wurden kleine Holzkreuzchen an die vier Ecken der Felder gesteckt. Sie sollten den Bilmesschneider, den gefürchteten Getreidedämon, vertreiben. Das Holz musste allerdings zuvor beim „Judas-Verbrennen“, dem Osterfeuer am

Karsamstag, angesengt werden. Der Bilmesschneider selbst treibt nach altem Volksglauben am Tag vor Christi Himmelfahrt oder auch an Fronleichnam sein Unwesen. Mit einer silbernen Sichel am linken Fuß geht der Dämon dann schräg durch Korn- und Haferfelder und schneidet die Halme ab. Die Halme rechts der Schneise gedeihen weiterhin, doch was links davon steht, gehört dem Bilmesschneider.

4.

Florian

Der Florian, der Florian noch einen Schneemann setzen kann.

Das wechselhafte Aprilwetter setzt sich in manchen Jahren sogar bis in die erste Maiwoche hinein fort. Aber Schnee gibt es dann nur noch sehr selten. Meist wird es bald warm, und erst später muss noch mit zwei kurzen Kälterückfällen gerechnet werden: den Eisheiligen (12. bis 15.5.) und der Schafskälte im Juni.

Der heilige Florian, der heute Namenstag feiert, erlitt nach der Legende im Jahre 304 den Märtyrertod. Er ist Schutzpatron der Feuerwehrleute und soll Haus und Hof vor Brandgefahr schützen. Deshalb ist eine Floriansstatue häufig in Mauernischen an der Außenwand alter Bauernhäuser zu sehen. Um den Florianstag trafen sich die Feuerwehrleute früher zum feierlichen Gottesdienst. Anschließend marschierte man gemeinsam zum Feuerwehrhaus, wo kräftig gefeiert wurde. Mancherorts wurden auch Feuerwehrübungen durchgeführt, bei denen man jedes Haus mit Wasser bespritzte. Das sollte das Jahr über vor Feuer schützen. Der Florianstag war auch der Feiertag der Schmiede. An diesem Tag wurden die Blasebälge an den Essen geschmiert.

5.

Godehard von Hildesheim, Jutta, Irene von Thessaloniki

Die erste Liebe und der Mai, gehn selten ohne Frost vorbei.

6.

Britto von Trier

Maitau macht grüne Au.

7.

Stanislaus, Gisela von Ungarn, Helga von Passau

Wenn sich naht St. Stanislaus, schlagen alle Bäume aus.

In früherer Zeit hatte man auf den siebten Tag im Mai ein besonderes Augenmerk, denn er sollte zeigen, ob die bevorstehenden Eisheiligen noch unliebsame Überraschungen bringen könnten. „Kälte an St. Stanislaus – geht der Ofen noch lang nicht aus", meint eine Bauernweisheit und kündigt weiterhin Kälte an, falls der Heilige mit frostigem Wetter daherkommt. Weniger schlimm wäre allerdings Regen an diesem Tag, denn: „Tränen weint Sankt Stanislaus, tut uns gar nicht Leid – werden blanke Heller draus über kurze Zeit".
Und je weiter der Heilige die Schleusen öffnet „über die Saaten", um so mehr sprießen die „blanken Dukaten", was auf die günstige Wirkung des Mairegens hinweist.

8.

Ulrich, Ulrike

Mairegen auf die Saaten ist wie Dukaten.

9.

Beatus, Theresia Gerhardinger

**Wenn im Mai die Wachteln schlagen,
künden sie von Regentagen.**

10.

Gordian

Florian (4. Mai) und Gordian, richten oft noch Schaden an.

11.

Gangolf

*** Auf nassen Mai folgt ein trockener Juni.**

Diese Bauernregel trifft überdurchschnittlich häufig in Süddeutschland zu. Eine Überprüfung anhand norddeutscher Wetteraufzeichnungen hat dagegen ergeben, dass dort in zwei von drei Fällen auf einen trockenen Mai ein trockener Juni folgt.

12.

Pankratius

Pankraz, Servaz und Bonifaz, die machen erst der Sonne Platz.

Mit dem heutigen Tag beginnt die Herrschaft der „gestrengen Herrn" – oder: „Bazi" (das sind, in Bayern, heimtückische Menschen): „Pankrazi, Servazi, Bonifazi, das sind die drei heiligen Bazi". Mit der „kalten Sophie" am 15. Mai schließt sich ihr Reigen. In manchen Gegenden Norddeutschlands wird auch schon der heilige Mamertus am 11. Mai zu den Eisheiligen gezählt. „Erst Mitte Mai ist der Winter vorbei", lautet eine Bauernweisheit, und ganz ausgeblieben sind die Eisheiligen noch in keinem Jahr. Jahrhundertelange Wetterbeobachtungen zeigen, dass bis Mitte Mai mit erheblichen Kälteeinbrüchen gerechnet werden muss, danach aber die Frostgefahr auf nahe Null absinkt. Die Bodenfrostgefahr in den ersten fünf Mainächten beträgt nach langjährigen Wetteraufzeichnungen im Mittel 39 Prozent, zwischen 11. und 16. Mai liegt sie immer noch bei 18 Prozent und in den fünf Tagen darauf nur noch bei 5 Prozent. Und so wurden die zufällig um diese Zeit gefeierten Heiligen kurzerhand zu Eisheiligen erklärt. Für die erste Schafschur, den ersten Weidegang oder den Almauftrieb werden also die Eisheiligen abgewartet, und Obst-, Wein- und Gemüsebauern fürchten um diese Zeit um Blütenknospen und Jungpflanzen.

13.

Servatius

**Wer seine Schafe schert vor Bonifaz,
dem ist die Wolle lieber als das Schaf.**

14.

Bonifatius

Vor Nachtfrost sicher bist du nicht, bevor Sophie vorüber ist.

In der Woche vor Christi Himmelfahrt, der Schauerwoche, wurden früher die Bittgänge abgehalten. Drei Tage hintereinander, von Montag bis Mittwoch, zogen Alt und Jung betend durch die Fluren, um eine gute Ernte zu erbitten. In einigen Gegenden wurde die Woche auch „Kreuzwoche" genannt, weil bei den Bittgängen das Kreuz vorangetragen wurde. Ein altes Gebet zum Bittgang lautete: „Höre gnädig unser Bitten, wende ab von unseren Hütten Krankheit, Krieg und Hungersnot, gib uns unser täglich Brot."

15.

Sophia, Rupert von Bingen

Mitte Mai ist der Winter vorbei.

Klimaaufzeichnungen bestätigen auch diese Wetterregel. Während die Bodenfrostwahrscheinlichkeit in den ersten Maitagen noch bei fast 40 Prozent liegt, sinkt sie nach dem 16. auf unter 5 Prozent ab.

16.

Johannes Nepomuk, Ubald

Trockener Mai bringt Dürre herbei.

Christi Himmelfahrt

Vierzig Tage nach Ostern wird das Fest Christi Himmelfahrt gefeiert. In vielen Kirchen wurde früher am Himmelfahrtstag die Auffahrt Christi mit einer Christusfigur gefeiert, die vom Kirchenschiff aus mit einem Strick zum „Heiliggeistloch“ in der Decke gezogen wurde. Auch hier lagen Glaube und Aberglaube eng zusammen. So achteten die Bauern genau darauf, wohin der Herrgott beim Hinaufziehen schaute, denn aus dieser Richtung sollten im Sommer die Gewitter kommen. Auch durften an diesem Tag keine eisernen Ackergeräte auf dem Feld stehen, sie würden für das ganze Jahr Blitz und Unwetter anziehen. Viele Wetterregeln waren mit dem Himmelfahrtstag verbunden: „Wie das Wetter am Himmelfahrtstag, so auch der ganze Herbst sein mag“, oder: „Ist der Himmelfahrtstag klar, so verheißt er ein gesegnet Jahr“. Heilkräutern, die am Himmelfahrtstag gesammelt wurden, schrieb man eine besondere Kraft zu, und in einigen Gegenden Bayerns wurde an diesem Tag nur „fliegendes Fleisch“ wie Hühner, Gänse oder Tauben gegessen.

17.

Paschalis Baylon, Walter von Mondsee

Ein kühler Mai wird hoch geacht’,
hat stets uns fruchtbar’ Jahr gebracht.

Vergleicht man die Mitteltemperatur von Juni bis November mit der Mitteltemperatur im Mai, dann folgt mit 65 prozentiger Wahrscheinlichkeit auf einen kühlen Mai ein eher kühler Sommer.

18.

Johannes I., Felix

Fröste im Mai schädlich sind, gut hingegen sind die Wind’.

19.

Kuno (Konrad) von Regensburg

Gibt's im Mai viel Regenwetter, wird auch das Getreide fetter.

20.

Bernhardin von Sienna, Elfriede von England

*** Weht im Mai der Wind aus Süden,
ist uns Regen bald beschieden.**

Auch die umgekehrte Wetterregel existiert: „Nordwind im Mai, bringt Trockenheit herbei". Beide Regeln treffen erfahrungsgemäß häufig zu. Hoher Luftdruck in Mitteleuropa hat im Mai zur Folge, dass Winde aus Nord oder Ost trocken sind. Umgekehrt ist es mit dem warmen Südwind, der oft Feuchtigkeit mitbringt, die sich dann über dem Festland abregnet.

21.

Konstantin der Große

**Wenn im Mai die Bienen schwärmen,
sollte man vor Freude lärmen.**

22.

Julia, Renate von Bayern, Rita von Cascia

Wenn der Holunder blüht, sind die Bienen müd.

Der Mai war der Monat der Wallfahrten. Bayern ist besonders reich an Wallfahrtsstätten, es gibt allein über 400 Marienwallfahrtsorte, dazu kommen zahlreiche Christus- und Heiligenwallfahrten. Anlass für die Wallfahrten waren oft Bildstöcke oder Marienbilder, die an Bäumen und auf Anhöhen verehrt wurden. Eines der bekanntesten Wallfahrtsziele

Bayerns ist die Schwarze Muttergottes von Altötting. Rund 20000 erhaltene Votivtafeln zeugen davon, wie groß der Glaube an die Fürsprache der Altöttinger Madonna war. Und noch heute ziehen von Mai bis Oktober Wallfahrergruppen aus ganz Süddeutschland in oft tagelangen Fußmärschen zur Heiligen Kapelle nach Altötting.

23.

Desiderius, Guibert (Wigbert) von Gorze

Übermäßig warmer Mai will, dass der Juni voller Nässe sei.

24.

Dagmar, Esther von Dänemark

Im Mai viel Wind begehrt des Bauern Gesind.

25.

Urban, Gregor VII.

*** Das Wetter auf St. Urban zeigt des Herbstes Witterung an.**

„Wie's Wetter am St.-Urbans-Tag, so es im Herbst wohl werden mag." Verblüffend häufig treffen diese beiden Wetterregeln zu. Allerdings ist natürlich wieder einmal nicht das Wetter an genau dem einen Tag zu beachten, sondern besser das Wetter „um St. Urban". Ist es an diesen Tagen überdurchschnittlich sonnig, so wird der Herbst in zwei von drei Fällen ebenfalls sehr sonnig werden. Besonders häufig trifft das auf den September zu. Bewölkter Himmel mit wenig Sonne in der fraglichen Zeit hatte tatsächlich in 75 Prozent der untersuchten Jahre unterdurchschnittliche Sonnenscheindauer im Herbst zur Folge. Der Heilige Urban ist der Patron der Winzer und Küfer.

26.

Philipp Neri, Alwin

Gewitter im Mai bringen Früchte herbei.

Pfingstsonntag

Wenn am Pfingstsonntag die Glocken zum Gottesdienst läuteten, kamen die Gläubigen in Scharen in die Kirchen. Pfingsten ist das Fest des Heiligen Geistes, und das sollte dem Kirchgänger auch bildlich verdeutlicht werden. So kam vielerorts der Heilige Geist in Gestalt einer hölzernen Taube vom „Heiliggeistloch“ an der Kirchendecke auf die Gläubigen herabgeschwebt. Drei Tage dauerte früher das Pfingstfest. Nach der religiösen Feier wurden Spiele und Umzüge abgehalten. Oft wurden „Pfingsthochzeiten“ gefeiert, mit Brautwahl, geschmückten Pferden und Reitern. Das Ganze endete mit einem ausgelassenen Festmahl. Eine solche Pfingsthochzeit kann man noch heute beim Pfingstritt in Kötzting im Bayerischen Wald erleben.

27.

Augustin von Canterbury, Bruno von Würzburg

Donnert's ins junge Laub hinein,
wird das Brot bald billiger sein.

Pfingstmontag

Das Gleiche sagt die sehr bekannte Bauernregel: „Mairegen bringt Segen“. Das Wintergetreide hat im Mai einen enormen Feuchtigkeitsbedarf – und wenn es gut wächst, fällt die Ernte reich aus und das Brot wird, wie in unserer Bauernregel, billiger.
Früher wurden am Pfingstmontag in vielen Orten Prozessionen abgehalten. Bis heute erhalten hat sich der Pfingstritt in Kötzting im Bayerischen Wald. Diese Pferdewallfahrt lockt inzwischen alljährlich Tausende von Besuchern an. Ein volkstümliches Brauchtumsspiel ist das „Englmarisuchen“ am Pfingstmontag in Sankt Englmar im Bayerischen Wald. Hier wird das Auffinden und Einholen des Eremiten Englmar nachgestellt, der um 1100 in den dortigen Wäldern ermordet worden war. Das „Englmarisuchen“ wiederholt alljährlich, wie der Priester den Toten auffindet und ins Tal bringen lässt. Auch hier finden sich alljährlich Tausende von Zuschauern ein.

28.

Wilhelm von Aquitanien, Germanus von Paris

**Wenn die Schwalben niedrig fliegen,
wird man Regenwetter kriegen.**

29.

Erwin

**Fliegen die Schwalben bis in die Höh'n,
bleibt das Wetter noch recht schön.**

30.

Ferdinand III. von Léon und Kastillien, Jeanne d'Arc

**Kühler Mai – eine alte Regel –
beschert viel Arbeit für Kelter und Flegel.**

31.

Hiltrud, Petronilla

Ist es klar an Petronell, messt den Flachs ihr mit der Ell.

Im April, spätestens aber im Mai – der Urbanstag (25.5.) galt als besonders geeignet – wurde früher der Leinsamen in die Erde gelegt. In höchster Blüte stand er dann meist zur Zeit der Sommersonnenwende. Um Lorenzi (10.8.) oder Bartlmä (Bartholomäus, 24.8.) konnte der Flachs gezogen werden. Nun stellte man ihn drei bis vier Wochen lang auf den Feldern zum Trocknen auf. Danach wurde er geriffelt, die Samen wurden ausgedroschen. Erst nach vielen weiteren Arbeitsgängen – einweichen, brecheln, trocknen usw. – war der Flachs bereit zum Spinnen.

Juni

Der Juni ist der erste Sommermonat. Je nach Witterung beginnt in diesem Monat die Heumahd. Ganz früh am Morgen, wenn das Gras noch taunass war und die Luft frisch und kühl, zogen Bauer, Knechte und Mägde auf die Wiese, und es wurde mit der schweren Arbeit des Mähens begonnen. Am zweiten Donnerstag nach Pfingsten feiert die katholische Kirche eines der prächtigsten Feste im Kirchenjahr, das Fronleichnamsfest. Schon am Vortag werden die Straßen und Häuser mit Birkenbäumchen – auch Prangerstauden oder Kranzlstauden genannt – geschmückt. Vor die vier im Freien aufgebauten Evangelienaltäre werden Blumenteppiche gelegt. Nach dem Hauptgottesdienst setzt sich die Prozession in Bewegung. In der Mitte des Zuges schreitet unter dem Traghimmel der Pfarrer mit der Monstranz, flankiert von den Ministranten. Mancherorts ist der früher weit verbreitete Brauch noch lebendig, dass Frauen und Mädchen bei den Prozessionen kleine Kränze aus Birkenlaub und Wiesenblumen mittragen. Diesen Kränzen wurde von jeher eine große Segenskraft zugesprochen. Sie werden in den Herrgottswinkel gehängt, um das Haus vor Unwetter zu schützen. Ähnliche Kräfte werden auch den Prangerstauden nachgesagt. Viermal macht die Prozession an den geschmückten Altären Halt, der Pfarrer verliest das Evangelium, der Kirchenchor singt, die Blasmusik spielt und der Kanonier feuert drei Böllerschüsse ab. Im Juni erreicht die Sonne ihren höchsten Stand. Allerorten werden in der „Johanniswoche" um den 24.6. die Sonnwendfeuer oder Johannisfeuer entzündet. Seit ältester Zeit werden der längste Tag und die kürzeste Nacht des Jahres freudig begrüßt. Wie so viele aus vorchristlicher Zeit stammende Bräuche hat das Christentum auch diesen Brauch übernommen und ihm einen christlichen Namen gegeben: Der Feiertag des heiligen Johannes des Täufers wurde auf den 24. Juni festgelegt und die Sonnwendfeuer in Johannisfeuer umbenannt. Bereits am St.-Veits-Tag, am 15. Juni, begannen früher die Burschen mit den Vorbereitungen. Man ging zum Holzbetteln von Haus zu Haus und schichtete dann um die Sonnenwende am 21. Juni oder am Vorabend des Johannistages auf Hügeln oder großen Wiesen außerhalb der Dörfer riesige Stapel auf. Dem Johannisfeuer wurde eine große Segenskraft nach-

gesagt. So glaubte man, dass es Mensch und Tier vor Krankheit schütze und Lebenskraft spende. Die Asche verstreuten die Bauern über die Felder. Der Sprung über die Flammen sollte Glück bringen, ein junges Paar konnte mit dem Feuersprung offen seine Liebe zeigen. Ganze Dörfer gingen um das Sonnwendfeuer, beteten den Rosenkranz und erflehten himmlischen Segen für Haus und Hof, für Mensch, Tier und Felder.

Die Bauern blickten auch im Juni prüfend zum Himmel. Die Saat war zwar nun außer Gefahr, das Korn stand hoch und die Feldfrüchte reiften. Doch nun brauchte der Bauer zwar regelmäßigen aber nicht mehr allzu viel Regen. Für die Heuernte war es wichtig, dass sich gegen Ende Juni ein warmer Hochsommer abzeichnete, in dem dann auch das Getreide gut ausreifen konnte. Eine heiße erste Junihälfte deutet jedoch häufig auf einen verregneten Hochsommer hin. Gewittert es im Juni, so wird der Juli erfahrungsgemäß sonnig. Als der wichtigste Wetterlostag im Juni gilt jedoch seit jeher der Siebenschläfertag am 27. des Monats. Doch ist, wie wir an diesem Tag lesen werden, nicht das Wetter an diesem einen Tag für die kommende Witterung ausschlaggebend, sondern das Wettergeschehen in der letzten Juni- und der ersten Juliwoche.

Juni

1.

Justinus, Simeon von Trier

Juniregen und Brauttränen dauern so lang wie's Gähnen.

2.

Armin, Eugen I.

Stellt der Juni mild sich ein, wird mild auch der Dezember sein.

Diese oft zitierte Bauernregel hat der meteorologischen Überprüfung nicht standgehalten. Zugrunde liegt wohl ein abergläubischer Rhythmus der halbjährlichen Wiederkehr bestimmter Witterungsverhältnisse.

3.

Clothilde, Kevin von Wicklow

Gibt's im Juni Donnerwetter, wird auch das Getreide fetter.

In diesem Fall sind mit Donnerwetter wohl kräftige Regengüsse gemeint, die dem noch unreifen Getreide die nötige Feuchtigkeit bringen, ihm aber noch keinen Schaden zufügen können. Denn im Juni bringen die Sommergewitter noch kaum den gefürchteten Hagel mit sich, der erst im Hochsommer auftritt, wenn die Temperaturgegensätze extremer sind. Ein kräftiges Gewitter mit Hagelschlag kann innerhalb kürzester Zeit die Getreidefelder ganzer Landstriche vernichten.
Aber auch Blitz und Donner waren in früheren Zeiten, als es noch keine gut ausgerüsteten Feuerwehren gab, besonders gefürchtet. Häuser, Ställe und Heuschober bestanden überwiegend aus Holz. Schlug der Blitz in einen Bauernhof ein, bedeutete das in den meisten Fällen eine vernichtete Existenz. So versuchte man sich in Zeiten ohne Versicherung, Ausgleichsfonds und Blitzableiter auf vielerlei Weise davor zu schützen. War ein schweres Gewitter im Anzug, läutete der Mesner die Kirchenglocken, um die Wetterwolken zu vertreiben. In vielen Kirchen

gab es dazu eine eigene „Wetterglocke“, die dem heiligen Donatus, dem wichtigsten Wetterheiligen, geweiht war. Im Haus wurde die schwarze Wetterkerze angezündet. Auch ein Haselnusszweig mit Laub und drei Nüssen daran sollte gegen Blitzschlag schützen. Bei schweren Gewittern warf so manche Bäuerin einige geweihte Palmkätzchen oder getrocknete Blüten und Blätter vom Palmbuschen in den Ofen. Ein an Ostern geweihtes Ei, in einen Lappen gewickelt und auf dem Dachboden an einen Balken gehängt, sollte ebenso vor Blitzschlägen schützen wie die Krone der geweihten Palmbuschen, die auch auf den Dachboden gebracht wurde.

4.

Christa, Werner von Ellerbach

**Nordwind, der im Juni weht, nicht im besten Rufe steht.
Kommt er an mit kaltem Gruß, bald Gewitter folgen muss.**

5.

Bonifatius, Winfried

Bleibt der Juni kühl, wird's dem Bauern schwül.

6.

Norbert von Xanten

**Ist der Juni feucht und nass,
gibt's viel Frucht und grünes Gras.**

Herz-Jesu-Fest
Fronleichnam

Das Fronleichnamsfest, im Volksmund auch Prangertag oder Kranzltag genannt, ist das prächtigste Fest im bayerischen Brauchtumsjahr. Überall werden feierliche Fronleichnamsprozessionen abgehalten, danach ziehen die Teilnehmer in Scharen in die Wirtshäuser, wo Bratwürste, das traditionelle Fronleichnamsessen, serviert werden. Früher gab es in

Bayern auch das so genannte „Fronleichnamsspiel“. Dieses Spiel sollte dem Volk das Geschehen am Altar und vor allem die Liturgie näher bringen. Höhepunkt der Prozessionen waren „lebende Bilder“ mit Szenen aus Altem und Neuem Testament. Auch mit dem Fronleichnamsfest war Aberglaube verbunden. So sollten die Fronleichnamskränze, in den Herrgottswinkel gehängt, das Haus vor Unwetter schützen. Viele Gläubige brachen nach der Prozession auch Zweige von den „Prangerstauden“, den Birkenbäumchen an den Straßen, ab und stellten sie in Haus, Stall und Scheune auf. Hier sollten die Zweige, die das Allerheiligste erblickt hatten, Segen bringen.

7.

Robert

Juni viel Donner, verkündet trüben Sommer.

8.

Medardus, Engelbert von Schäftlarn

*** Wie's Wetter um Medardi fällt, es bis zum Monatsende hält.**

Dem Gedenktag des heiligen Medardus wurde früher eine wetterprophetische Kraft zugeschrieben, denn: „Was Sankt Medard für Wetter hält, solch Wetter auch in die Ernte fällt“. Ist es „Hell und warm am Medardustag, schweigt still eines jeden Bauern Plag“. Allerdings war gutes Wetter an diesem Tag wohl eher selten, denn da es am Medardustag oft regnete, wurde der Heilige vom Volksmund auch „Heubrunzer“ genannt. Am Medardustag wurde auch darauf geachtet, dass es beim Abendessen keine Reste gab, denn „so viel übrig bleibt, mit so viel Arbeit bleibt man im Sommer im Rückstand“. Sankt Medardus wurde zum Schutzheiligen der Bauern, Winzer und Bierbrauer. Man rief ihn mit der Bitte um Regen und eine gute Heuernte an. Schließlich galt er auch als Helfer gegen Fieber und Zahnschmerzen.

Dass ausgerechnet der Tag des nicht sehr bekannten heiligen Medardus seit jeher ein so wichtiger Lostag ist, hat einige Kalenderforscher dazu veranlasst, genauer nachzurechnen. Und tatsächlich ist der Medardustag am 8. Juni exakt der 100. Tag nach dem alten römischen Jahresanfang am 1. März. Der Schluss liegt nahe, dass dieser Tag seit römischer Zeit ein wichtiger Wetterlostag ist und dass außerdem der heilige Medardus eigentlich nichts damit zu tun hat – ausschlaggebend für die schicksalhafte Bedeutung des Tages ist allein die runde Zahl 100.

9.

Ephraim der Syrer

Juni trocken mehr als nass, füllt mit gutem Wein das Fass.

10.

Diana von Andalò, Olivia

Vor dem Johannistag (24.6.) man keine Gerste loben mag.

11.

Barnabas, Apostel, Jolenta

Wenn St. Barnabas bringt Regen, so gibt es viel Traubensegen.

12.

Leo III., Odulf

Juniregen und Bräuttränen dauern so lange wie's Gähnen.

Juni

13.

Antonius von Padua

**Wenn St. Anton gut Wetter lacht,
St. Peter (29.6.) viel in Wasser macht.**

Ein äußerst volkstümlicher Heiliger war der heutige Tagespatron Antonius von Padua. Er zählt zu den 14 Nothelfern und wurde im Volksmund auch der „Kindltoni" genannt, da er in seinem Arm das Jesuskind trägt. Auch als „Schlamperlpatron" galt der heilige Antonius, weil er im Volksglauben verlorene oder verlegte Gegenstände finden half.

14.

Hartwig von Salzburg

Im Juni kühl und trocken, gibt's was in die Milch zu brocken.

15.

Vitus, Crescentia, Lothar von Séez

**Nach St. Veit wendet sich die Zeit,
alles geht auf die andere Seit.**

Der Tag des heiligen Veit war schon immer ein wichtiger bäuerlicher Lostermin. Der Grund dafür ist wieder einmal in der gregorianischen Kalenderreform zu finden: Früher war dies der Tag der Sommersonnenwende. Der offenbar sehr alte Bauernspruch, der bis in unsere Tage überliefert ist, hat genau das zum Inhalt: „St. Veit hat den längsten Tag, Luzia (13. Dezember) macht's mit der Nacht ihm nach", bezieht sich noch auf die Zeit vor der Kalenderreform.
Vom St.-Veits-Tag an strebt die Sonne mit aller Kraft ihrem Höhepunkt zu. „Von Veitl bis zur Hanneskent (Johannisfeuer) braucht die Sunn zur Ummawend." An diesem Tag begannen die Burschen mit dem Holzsammeln für das Sonnwendfeuer: „Der heilige Veitl tat bittn um a Scheitl. Wer koa Biadl (Reisigbündel) und koa Scheitl gibt, hat des ganze Jahr koa Glück" – mit diesem Spruch zogen sie von Haus zu Haus.

16.

Benno von Meißen, Luitgard von Tongern

Wer auf St. Benno baut, kriegt viel Flachs und Kraut.

Der Tag des heiligen Benno hat in Bayern seit vier Jahrhunderten eine besondere Bedeutung. Der Heilige wird in der katholischen Kirche als bayerischer Landespatron verehrt, seine Reliquien ruhen im Liebfrauendom in München.

17.

Adolf von Utrecht, Rainer von Pisa

Wie die Junihitze sich stellt,
so stellt sich auch die Dezemberkält.

18.

Marcus, Elisabeth von Schönau

Gut Wetter, das kommt über Nacht,
hat's im Sommer nie weit gebracht.

19.

Rasso von Andechs, Gervasius

Wenn's regnet auf Gervasius, es vierzig Tage regnen muss.

20.

Adalbert von Magdeburg, Benigna

Menschensinn und Juniwind ändern sich oft sehr geschwind.

Juni

21.

Alban von Mainz, Aloisius von Gonzaga

**Blüht im Juni der Stock in vollem Licht,
große Beeren er verspricht.**

22.

Eberhard von Salzburg, Christina von Hamm

*** Juni mit viel Donner bringt Sonne viel im Sommer.**

Weit verbreitet war früher die Überzeugung, dass Häuser, auf denen Störche und Schwalben nisten, vom Blitz verschont bleiben. Auch in ein Haus mit einem Neugeborenen schlug angeblich kein Blitz ein. Holz von einem Baum, in den ein Blitz eingeschlagen hatte, durfte nicht als Bauholz verwendet werden. Man war überzeugt, es „ziehe den Blitz an“. Aus diesem Holz wurden Keile hergestellt, die als „Donnerkeile“ im Haus aufbewahrt wurden und vor Blitzen schützen sollten. Ein Gewitter über fruchtbaren Obstbäumen sollte reiche Ernte versprechen, zog das Wetter dagegen über kahle Bäume, drohte eine schlechte Ernte.

23.

Edeltraud, Hidulf von Lobbes

Vor Johanni bitt um Regen, nachher kommt er ungelegen.

24.

Geburt Johannes des Täufers

Am Johannistag die erste Kirsch nach Hause trag.

Johannes der Täufer ist neben Maria der einzige Heilige, bei dem der Geburtstag als Namenstag gefeiert wird.

Nach altem Volksglauben konnte man am Johannistag einen Blick in die Zukunft werfen. Man suchte Auskunft über Heirat oder Tod, schmückte die Häuser mit Birkenzweigen und pflückte um Mitternacht an einem Kreuzweg Johanniskraut, das ein Jahr lang Glück bringen sollte. Besonders schön sollte der Tau machen, der am Johannismorgen von den Gräsern abgestreift wird. Wer an diesem Tag ein Erbsengericht aß, dessen Haus und Hof sollten von Blitzschlag verschont bleiben. Für die „Johannisbraut" wurde eine Krone aus Kornblumen geflochten, neunerlei Blüten und Kräuter für die Johanniskränze wurden gesucht. Sie waren angeblich besonders zauberkräftig, wenn sie den Schein des Johannisfeuers gesehen hatten. Man sammelte Heilkräuter und hängte Kränze davon als „Sonnwendbuschen" an Haus- und Stalltüren auf. Von all diesen Bräuchen hat sich nur das Johannisfeuer erhalten, das allerorten um den 24. Juni angezündet wird.

25.

Dorothea von Montau, Burkhard von Mallersdorf

Stich den Spargel nie mehr nach Johanni.

Diese Regel hat weniger mit dem Wetter zu tun als mit der Spargelpflanze, sie wird bis heute von den süddeutschen Spargelbauern berücksichtigt. Nachdem im Frühling und Frühsommer täglich die Sprosse der Spargelpflanze von den Spargelstechern gekappt wird, damit sie immer frisch auf den Tischen der zahlreichen Spargelliebhaber landet, braucht die Pflanze Erholung. Vom Johannistag bis zu Beginn der nächsten Saison darf der Spargel deshalb neue Kraft schöpfen, damit er im folgenden Jahr wieder kräftig durchtreiben kann.

26.

Virgilius von Trient

Wenn die Mücken tanzen und spielen,
sie morgiges gutes Wetter fühlen.

27.

Siebenschläfer, Hemma von Gurk

*** Das Wetter am Siebenschläfertag noch sieben Wochen bleiben mag.**

Selbst Skeptiker, die alte Bauernregeln sonst eher belächeln, werfen am Siebenschläfertag einen Blick zum Himmel. Dieser Tag ist noch heute einer der bekanntesten Wetterlostage. „Wenn die sieben Schläfer Regen kochen, dann regnet's noch sieben Wochen", diese unheilvolle Ankündigung kennt fast jeder. Neuere meteorologische Untersuchungen bestätigen, dass sich hinter der überlieferten Bauernweisheit ein wahrer Kern verbirgt. Denn um den Siebenschläfertag bildet sich über dem Festland das Sommerwetter aus. Und hat sich bis dahin der Kontinent noch nicht genügend aufgewärmt, können die feuchten Luftmassen vom Atlantik ungehindert in den Osten wandern. Dann ist mit langer Sommerhitze und ungetrübtem Himmel nicht zu rechnen. Für Küstenregionen hat sich die Regel aber als nicht zutreffend erwiesen.
Legt man das Wetter um Siebenschläfer herum der Überprüfung zugrunde, so trifft die Regel in knapp zwei von drei Sommern zu: Nassen Tagen um Siebenschläfer folgt ein nasser Sommer, trockenem Siebenschläfer ein sonniger, trockener Sommer. Noch häufiger jedoch trifft die Regel zu, wenn man die Witterung um den 7. Juli als Basis nimmt. Dann wäre die Verschiebung um zehn Tage durch die gregorianische Kalenderreform berücksichtigt. Legt man also die Witterung zwischen dem 5. und 10. Juli zugrunde, trifft die Regel mit einer noch größeren Wahrscheinlichkeit zu, nämlich in ziemlich genau zwei von drei Sommern.

28.

Diethild, Ekkehard von Huysburg

Ist die Spinne träg zum Fangen, Gewitter bald am Himmel hangen.

Auch diese Bauernregel hält einer Überprüfung stand. Weben die Spinnen neue Netze, bleibt es schön. Ziehen sie sich dagegen in ihren Unterschlupf zurück, schlägt das Wetter um.

29.

Petrus und Paulus

Regnet's am Sankt Peterstag, drohen 30 Regentag.

Der Tag der Apostelfürsten Peter und Paul war früher ein Feiertag. Es wurde Schmalzgebäck gebacken, und die Arbeit ruhte. In zahlreichen Orten wurden „Petersfeuer" angezündet, das sind eigentlich Sonnwend- oder Johannisfeuer, die in manchen Gegenden Süddeutschlands einfach einen anderen Namen bekommen haben.

Nach dem Peterstag darf man nicht mehr ins Kartoffelfeld gehen, lautete eine alte Bauernregel. Es sollte nicht mehr im Feld gearbeitet werden, da die Kartoffeln zum Wachsen Ruhe brauchen.

Peter und Paul war auch ein wichtiger Wetterlostag: „Ist's am Peterstag schön, dürfen Bauern zum Bier gehen", hieß es. Das bedeutet, dass sich der Bauer dann keine Sorgen um seine Ernte machen muss, weil ein guter Peterstag eine schöne Witterung für die nächste Zeit anzeigt. „Wie das Wetter um Peter und Pauli, so bleibt es gern bis Michaeli" (29.9.) übertreibt die Vorhersage doch etwas – über einen so langen Zeitraum wagen nicht einmal moderne Meteorologen eine Aussage. Doch den Kern aller Peter-und-Paul-Wetterregeln bildet eigentlich die bekannte Siebenschläferregel, und etwas allgemeiner formuliert hält sie auch moderner Überprüfung stand: Hat sich Ende Juni, Anfang Juli eine stabile Hochdrucklage mit Schönwetter gebildet, so ist überdurchschnittlich häufig mit einem schönen, trockenen Sommer zu rechnen.

30.

Otto von Bamberg, Erentrudis von Salzburg

**Reif in der Juninacht,
dem Bauern Sorge macht.**

Juli

Der Monat Juli – früher Heumond genannt – ist ganz der Heuarbeit und auch schon der beginnenden Getreideernte gewidmet. Keine großen Feste, keine wichtigen kirchlichen oder weltlichen Ereignisse wurden früher gefeiert – das gesamte bäuerliche Leben konzentrierte sich darauf, die Früchte der Arbeit in Haus und Scheune zu bringen. Deshalb wurde noch aufmerksamer als sonst das Wetter beobachtet. Einige der überlieferten Wetterregeln haben noch heute ihre Gültigkeit. Wie wir eingangs schon gehört haben, handelt es sich etwa bei der bekannten Siebenschläferregel um eine zumindest für Süddeutschland sehr zutreffende Regel: „Regnet's am Siebenschläfertag (27. Juni), es noch sieben Wochen regnen mag.“ Die Verschiebung des Kalenders durch Papst Gregor wirkt sich aber auch hier aus, sodass eigentlich das Wetter etwa zehn Tage später für eine Sieben-Wochen-Prognose herangezogen werden muss. Das Wetter um den 7. Juli ist also im südlichen

Deutschland und in weiten Teilen Österreichs und der Schweiz eine Möglichkeit, Rückschlüsse auf das Sommer- und Erntewetter bis Ende August zu ziehen. Ist es also in der ersten Julidekade sonnig, dann bleibt es bis Mitte August trocken und warm. Heißes Wetter um den 25. deutet auf einen kalten Januar, und vor allem in Süddeutschland gilt, ist der Juli warm, ist auch ein warmer September zu erwarten. Als wichtiger Lostag galt der zweite Tag des Monats, der Tag Mariä Heimsuchung. Wenn es an diesem Tag regnete, bedeutete das weitere Wochen mit nassem Wetter und schlechte Bedingungen für die Erntearbeit: „Geht Maria über das Gebirge nass, bleiben leer Scheuer und Fass“, und: „Mariä Heimsuchung mit Regen tut vierzig Tage sich nicht legen.“ Auf zu erwartenden Regen und Hagel beziehen sich viele der Wetterregeln im Juli.

Da das Heu möglichst schnell auf der Wiese trocknen sollte, wartete man zum Mähen mindestens zwei oder drei aufeinander folgende Schönwettertage ab.

„Juliregen nimmt den Erntesegen!“ – um den Jakobitag am 25. Juli begann die Getreideernte. Der letzte Monat, in dem die Getreidekörner ausreifen, ist entscheidend für eine gute oder schlechte Ernte.

Ist der Juli verregnet, schimmeln die Körner in den Ähren, bevor sie geerntet werden können. Und die gefürchteten Hagelunwetter an heißen Julitagen können innerhalb von Stunden ein ganzes Feld verwüsten. Im Juli interessiert sich der Landmann deshalb vor allem für die kurzfristige Wetterprognose: „Ist's vor Jakobi drei Tage geheuer, fährt das Korn man in die Scheuer."

Auf die Hundstage vom 23. Juli bis zum 24. August, benannt nach dem Hundsstern, dem Sirius, im Sternbild des Großen Hundes, legt der Bauer dann seine ganze Hoffnung: Sie gelten als die heißeste Zeit des Jahres, und wenn sie ihrem Ruf gerecht werden, kann die Ernte rechtzeitig, trocken und sicher eingefahren werden.

Am Jakobstag hatte früher im ganzen alpenländischen Raum auch das „Jakobsen" Tradition. Der Almbauer besucht – nach der Hälfte der Almweidezeit – den Senn oder die Sennerin und vor allem sein Vieh auf der Hochalm. Da wird groß aufgekocht und anschließend geht es ans Milchmessen, das um Jakobi am ergiebigsten ist. Danach geht nämlich der Milchertrag zurück: „Jakobi an Schluck, Laurenzi an Ruck, auf Bartlmä gar nix mehr!"

Juli

1.

Theobald von Provins, Dietrich (Theoderich)

**Wenn der Juli fängt mit tröpfeln an,
wird man noch lange Regen han.**

2.

Mariä Heimsuchung, Wiltrud

**Regnet's am Tag unserer lieben Frauen,
da sie das Gebirg tät beschauen,
so wird sich das Regenwetter mehren
und vierzig Tag nacheinander währen.**

Im 14. Jahrhundert hat man den 2. Juli zum kirchlichen Feiertag erklärt, zur Erinnerung an den Tag, an dem Maria, schon guter Hoffnung, übers Gebirge ging, um ihre Base Elisabeth zu besuchen, die Mutter Johannes des Täufers. Und seit dieser Zeit gilt dieser Tag als wichtiger Wetterlostag, an dem sich das Wetter der nächsten Wochen entscheidet: „Regnet's am Liebfrauentag, währt noch 40 Tag die Plag." Zur Abwehr von Unwettern hat man früher an diesem Tag Rosenkränze und Haselzweige an das Fenster oder in den Kamin gehängt. Als Unheil, böse Geister und Hexen abwehrende Pflanze galt die Hasel neben Holunder und Wacholder als sehr wirksam. Deshalb kam sie auch in den verrufensten Nächten des Jahres, zum Beispiel in der Walpurgisnacht (30.4.), zum Einsatz. Die früher wichtige magische Bedeutung der Haselnuss lebt heute noch im Gebrauch des Haselsteckens als Wünschelrute fort. Der Liebfrauentag war früher auch ein wichtiger Wallfahrtstag: So, wie die Gottesmutter über das Gebirge gewandert war, so suchte man an diesem Tag Wallfahrtskirchen auf und betete um eine gute Ernte.

3.

Thomas

Einer Reb und einer Geiß, ist's im Juli nie zu heiß.

4.

Ulrich, Berta, Elisabeth von Portugal

Regen am Sankt-Ulrichs-Tag macht die Birnen stichig mad.

Eine weitere Bauernregel für den Tag des heiligen Ulrich ist so alt, dass wir sie ohne Erklärung heute gar nicht mehr verstehen: „Wenn's am Ulrichstag regnet, regnet's in den Urhabkübel." Urhab bezeichnet den Sauerteig zum Brotbacken. Die Wetterregel prophezeit also schlechtes Brot = schlechtes Mehl = schlechtes Getreide bei einem verregneten Julibeginn.

In Bayerisch-Schwaben wird das Andenken an den heiligen Ulrich, im 10. Jahrhundert Bischof von Augsburg, seit 1000 Jahren hochgehalten. Berühmt wurde er durch seinen Mut gegenüber den Ungarn, die Augsburg belagerten. Durch seinen Einsatz – hoch zu Ross, ohne Helm und Harnisch, nur mit seiner Stola als Zeichen seines Priestertums, ritt er dem Feind entgegen – konnte Augsburg so lange gehalten werden, bis Kaiser Otto I. mit seinem Heer eintrat und am Laurentiustag, dem 10. August des Jahres 955, die Ungarn auf dem Lechfeld vernichtend schlug. In der Pestzeit hat man dem Schutzpatron der Stadt und der Diözese einen Pferdeumritt gelobt, der bis zum heutigen Tag in Steingaden durchgeführt wird. Und noch eine andere Plage soll der heilige Ulrich zuverlässig beseitigen: Lange Zeit glaubte man, dass Erde aus der Umgebung seines Grabes im Augsburger Dom St. Ulrich und Afra Mäuse und Ratten vertreiben würde.

In den Bergen heißt der Tag auch „Alpensegentag", wohl weil der 4. Juli früher der letzte Tag des germanischen Mittsommerfestes war. Man bittet um Schonung vor Unwettern und Wetterhexen und – seit christlichen Zeiten – den heiligen Ulrich um die Vertilgung von Ratten und Mäusen in Haus, Hof und Feld.

5.

Antonius Maria Zaccaria, Lätitia, Philomena von Toskana

Ist's im Juli hell und warm,
friert's an Weihnacht reich und arm.

Juli

6.

Goar, Maria Goretti

Weht im Juli der Nord, hält gutes Wetter an.
Ziehen die Störche schon fort,
kommt bald der Winter heran.

7.

Willibald, Edelburg

Wenn Donner kommt im Julius, viel Regen man erwarten muss.

8.

Kilian, Edgar, Amalia

An Sankt Kilian säe Rüben und Wicken an.

Diese alte Bauernregel sorgt sich nicht etwa um das Gedeihen der Duftwicken, eine Blütenpflanze, sondern um eine Ackerfrucht, die ebenfalls zur großen Familie der Wicken gehört: die Ackerbohne, auch als Saubohne bekannt. Doch nicht nur für die Qualität von Rüben und Wicken, sondern auch für die des Weins hat man den heiligen Kilian für zuständig erklärt. Die fränkischen Winzer verehren den Schutzpatron von Würzburg besonders. Sie pilgern am Kilianitag nach Würzburg und feiern dort die Kiliansmesse, einen großen Jahrmarkt zu Ehren des Heiligen.

Kilianswasser soll für die Augen besonders heilsam sein. Früher galt es als hilfreich bei Gicht und Rheuma, wenn man durch eine Höhlung im Kiliansgrab schlüpfte und dabei den Spruch aufsagte: „O heiliger Sankt Kilian mein, lass dich doch gebeten sein. Treibe aus die böse Gicht, die mich so im Leibe sticht."

„Sankt Kilian stellt die ersten Schnitter an", heißt es aber auch. Denn in günstigen Lagen und guten Jahren kann jetzt schon mit der Getreideernte begonnen werden.

9.

Agilolf, Veronika Giuliani

Im Juli Finkenschlag vor Tag, fleißig Regen bringen mag.

10.

Knud, Erich, Olaf, Sieben Brüder

*** Ist Siebenbrüder ein Regentag,
so regnet's noch sieben Wochen danach.**

Die Siebenschläferregel sollte man, wie wir bereits gehört haben (Seite 112), nicht am eigentlichen Siebenschläfertag (27.6.), sondern um den 7. Juli herum beachten. Nicht umsonst wurde die Regel auch auf die Sieben Brüder umgedichtet, derer am 10. Juli gedacht wird. Bei ihnen handelt es sich um die sieben Söhne der heiligen Felicitas (23.11.), die mit ihrer Mutter um 160 in Rom als Märtyrer starben.
Die Wetterregel besagt: Wenn sich um den 7. Juli herum eine vom Ozean kommende kühle und feuchte Luftströmung breit gemacht hat, so gibt es mit großer Wahrscheinlichkeit einen verregneten Sommer.

11.

Benedikt, Olga, Oliver

**Hagelt's im Juli und August,
ist's aus mit des Bauern Freud und Lust.**

Die im Juli oft besonders heftigen Hagelunwetter gehörten zu den Wetterkapriolen, die der Bauer am meisten fürchtete. Ein solches Gewitter konnte innerhalb weniger Minuten die Getreideernte eines ganzen Jahres gefährden, und ein Blitzeinschlag in den früher noch mit reichlich Holz gebauten Bauernanwesen vernichtete nicht selten die Existenz von Großfamilien. Da nimmt es nicht wunder, dass bei Gewittern allerhand Magie und Zauber zum Einsatz kam, um Unglück abzuwenden: Man zündete schwarze Wetterkerzen an, die es vor allem in Wallfahrtsorten zu kaufen gab. Auf dem Hausdach musste zur Blitzabwehr eine Haus-

wurz wachsen, ums Haus herum waren Holunder und Haselnuss auch gegen Unwetter und Blitzschlag wirksam. Wo ein Brennnesselbusch stand, schlug angeblich kein Blitz ein. Mancherorts wurden zum gleichen Zweck auch am Gründonnerstag gesammelte Brennnesseln unter den Dachbalken gehängt, wo auch die an Mariä Himmelfahrt geweihten Kräuterbuschen aufbewahrt wurden. In höchster Not warf die Hausfrau einige geweihte Palmkätzchen ins Feuer und ein paar Brösel der Himmelfahrts-Kräuter. Als besonders wirksam galt dabei das im Kräuterbuschen enthaltene Johanniskraut, das man zur Blitzabwehr auch an die Fenster hängte. Wer Schwalben am Haus hatte, sollte dadurch vor Blitzschlag gefeit sein.
Zur Hagelabwehr hatte man schon am Gründonnerstag gelegte und an Ostern geweihte Antlasseier verwendet: Die Eierschalen grub man im Garten und in den Feldern ein, um Früchte und Getreide vor allem Unbill zu schützen.

12.

Nabor, Felix, Fortunatus

**Was Juli und August nicht vermocht,
wird auch vom September nicht gar gekocht.**

13.

Eugen, Heinrich II., Kunigunde (auch 3.3.)

Wie der Juli war, so wird der Januar.

Diese Wetterregel ist mit Sicherheit sehr alt, entspricht sie doch dem (Aber-)Glauben, dass sich erste und zweite Jahreshälfte entsprechen. Das heißt, dass angeblich Januar und Juli, Februar und August, März und September etc. Rückschlüsse aufeinander ziehen lassen. Natürlich lassen sich dabei nicht die absoluten Temeraturen vergleichen. Die angeblichen Ähnlichkeiten beziehen sich auf die Niederschlagsmenge und auf die relative Temperatur: „zu kalt“, „zu warm“, „sehr mild“ usw.

14.

Kamillus, Roland, Ulrich von Zell

Was im Herbst soll geraten, muss die Julisonne braten.

Die Hauswurz auf dem Dach soll, wie wir schon gehört haben, das ganze Anwesen vor Blitzschlag bewahren. Sie wurde deshalb auch Donnerwurz genannt. Doch auch Krankheiten, Zauberei und anderes Unglück soll die Pflanze von Haus und menschlichen und tierischen Bewohnern fern halten. Auf Warzen und kleine Wunden hat man den Saft der dickfleischigen Hauswurz-Blätter aufgetragen, und für viele andere Zipperlein verrührte man den Saft mit Schweinefett zu einer Salbe. Wenn die Pflanze – was sie selten tut – ihre Blüten zeigt, soll das angeblich auf ein besonderes Ereignis in der Familie in naher Zukunft hindeuten. Wer aber die Hauswurz gewaltsam von ihrem Platz am oder auf dem Haus entfernt, dem drohen Unglücksfälle und der wirtschaftliche Niedergang.

15.

Bonaventura, Gumbert, Bernhard von Baden

Juliregen nimmt den Erntesegen.

Obwohl an diesem Tag Bonaventura im Namenstagskalender steht, ist der 15. Juli seit alters als „Apostelteilung“ oder „Apostelscheidtag“ bekannt, volkstümlich „Zwölfbotentag“. Eine bekannte Bauernregel zeugt noch von diesem jahrhundertelang gefeierten Gedenktag: „Ist Apostelteilung schön, kann das Wetter der sieben Brüder gehn.“

In der „Dispersio“ oder „Divisio Apostolorum“ bestimmten die zwölf Apostel angeblich durch Los, in welches Land jeder einzelne das Wort Gottes tragen sollte. Diese frühchristliche Legende wurde an manchen Orten im Brauchtum nachvollzogen, indem man die Namen der zwölf Apostel auf Zettel schrieb und jedes Familienmitglied einen Zettel zog. Dem Apostel, dessen Namen auf dem gezogenen Zettel stand, sollte man dann das ganze Jahr hindurch besondere Verehrung zukommen lassen.

Juli

16.

Maria vom Berge Karmel, Irmengard von Chiemsee, Carmen

Juli kühl und nass, leere Scheuer, leeres Fass.
Juli hell und klar, gibt es gutes Bauernjahr.

17.

Alexius

Regen an Alexe wird zur alten Hexe.

Der bei uns ganz unbekannte heilige Alexius, der im 5. Jahrhundert in Rom lebte, hat nur durch den Klang seines Namens Eingang in die bäuerlichen Wettersprüche gefunden. Viel bedeutender und populärer waren da schon die Hexen, was das Wetter betraf. Die große Gemeinschaft der Hexen dachte man sich oft in verschiedene „Spezialgebiete" aufgeteilt: Da gab es die Hexen, die das Vieh verzauberten, andere, die Neugeborene behexten, die „Butterhexen", die zum Beispiel den Rahm so verhexten, dass er nicht zu Butter wurde und dann eben auch die Wetterhexen. Durch verschiedene magische Mixturen konnten sie angeblich Unwetter, Wind und Sturm erzeugen. Meist gehörten Ekel erregende Zutaten, wie Urin, Exkremente und Blut, hinein. Mit einer bestimmten Zauberformel an eine Stelle im Freien geschüttet, entsteht nach altem Glauben aus der Mixtur dann eine schwarze Wolke, die zum Beispiel den Hagel bringt. Deshalb bemühte man sich gerade im Juli, wenn die heftigsten Gewitter des Jahres die Ernte bedrohten, Hexen von Haus und Hof fern zu halten. Die zur Hexenabwehr geeigneten Pflanzen, wie etwa Johanniskraut und Hasel, wurden an Fenster und Türen gehängt. Ganz allgemein werden Hexen, nicht nur die Wetterhexen, durch Metall abgewehrt. Deshalb findet man das angenagelte Hufeisen, früher auch Messer oder Nägel, immer noch an fast jeder Stalltür. Verschiedene Kräuter und Salz, die man im und um den Stall auslegte, dienten ebenfalls der Hexenabwehr. Aus Schwaben ist überliefert, dass während des Gewitters geweihte Kräuter in einem Räuchergefäß verbrannt wurden, weil Hexen diesen Rauch meiden und damit Hof und Felder von hexischem Unwetter verschont würden.

18.

Arnulf, Arnold, Answer, Friedrich

**Wettert der Juli mit großem Zorn,
bringt er dafür reifes Korn.**

Gewitter (= „Wetter") entstehen, wenn die Luft viel Feuchtigkeit enthält und sich kräftig erwärmt – ideale Wachstums- und Reifebedingungen für das Getreide. Kurze Gewitterschauer in einem heißen, trockenen Juli versorgen das Getreide mit der dringend nötigen Feuchtigkeit. Deshalb sind sie dem Landmann sehr willkommen – solange sich kein Hagel dazugesellt.

19.

Vinzenz von Paul, Bernulf, Justa und Rufina

Vinzenz Sonnenschein, füllt die Fässer mit Wein.

20.

Margarethe, Bernhard von Hildesheim, Elias, Wilgefortis

*** Wie's Wetter an Sankt Margaret,
dasselbe noch vier Wochen steht.**

Die heilige Margarethe ist eine der beliebtesten Nothelferinnen und wird oft in einer Dreiergruppe mit Barbara und Katharina dargestellt: „Die Margret mit'm Wurm, die Barbara mit'm Turm, die Katharina mit'm Radl, des san die drei heiligen Madl", heißt es in Bayern. Der „Wurm" der Margarethe ist natürlich der Drache, in den sich der abgewiesene heidnische Verehrer der wunderschönen Christin verwandelt hatte. Als er die Heilige verschlingen wollte, machte sie das Kreuzzeichen über ihn, und das Untier zerbarst. Vor ihrem Martertod betete sie für alle, die ihr Gedächtnis anrufen würden, besonders für Frauen in Kindsnöten. Deshalb wallfahren bis heute die Frauen zu ihr, die um eine leichte Geburt und um schöne Kinder bitten. Die Woche nach dem Gedenktag der Heiligen gilt als Unheil bringende „Margarethenwoche".

21.

Laurentius von Brindisi, Praxedis, Daniel, Stilla von Abenberg

Nur in der Juliglut gedeihen Wein und Getreide gut.

22.

Maria Magdalena

**Magdalena weint um ihren Herrn,
drum regnet's an ihrem Tage gern.**

Die Büßerin Maria Magdalena hielt ihrem Herrn Jesus Christus die Treue, sie war die Erste am leeren Grab und ist deshalb Verkünderin des Osterglaubens. Zu Lebzeiten Jesu wäscht sie ihm zweimal mit ihren Tränen die Füße und trocknet sie dann mit ihren Haaren. So heißt es denn auch über das oft wechselhafte Wetter Ende Juli: „Magdalenen fehlt es nicht an Tränen." Maria Magdalena zog laut Lukas-Evangelium mit Jesus und seinen Jüngern nach Jerusalem, und sie blieb bei ihm auch während der Kreuzigung und der Grablegung. Schon immer wurde ihr deshalb eine erotische Beziehung zu Jesus nachgesagt – vielleicht ist dies auch der Grund dafür, dass ihr Tag ein wichtiger Lostag mitten in der Erntezeit wurde. Der Legende nach war sie als erste Missionarin in den Süden Frankreichs gekommen, wo sie lange einsam in der Wüste lebte. Wallfahrten zur heiligen Magdalena erfreuten sich großer Beliebtheit. Das Madgdalenenwasser, das an diesen Stätten oft verkauft wurde, sollte gegen Augenleiden hilfreich sein – auch dieser Glaube steht in engem Zusammenhang mit ihrer Legende. Bis heute wird Magdalena vor allem von Frauen als ihre Schutzpatronin verehrt, sie ist auch Beschützerin aller Verführten und der reuigen Sünderinnen.

23.

Brigitta von Schweden, Apollinaris, Liborius

Klar muss Apollinaris sein, soll sich der Bauer freun.

24.

Christoph, Christina, Siglinde, Louise von Savoyen

Wie die Hundstage (23. Juli bis 23. August) eingehen, so gehen sie aus.

Woher haben die Hundstage ihren Namen? Nicht etwa nach den Hunden, die so sehr unter der Hitze leiden, lernen wir – nein, sie sind benannt nach dem Hundsstern Sirius, der während der Hundstage bei Sonnenaufgang am Himmel zu sehen ist. Schon die alten Ägypter, die Griechen und die Römer beobachteten den gleichzeitigen Aufgang von Hundsstern und Sonne. Der griechische Arzt Hippokrates brachte das Auftreten schwerer Gallenkrankheiten mit den Hundstagen in Verbindung, die Römer hielten diese „dies caniculares" für gefährlich für Mensch und Tier.

Bei uns übernahm man zunächst die römische Bezeichnung: „Huntliche Tage" hieß die Periode bis ins 15. Jahrhundert, eine wörtliche Übersetzung von „dies caniculares". Auch die abergläubischen Vorstellungen der Römer fanden in Deutschland Eingang.

Lange Zeit galten die Hundstage bei uns als Unglückstage, in denen mancherorts keine Gottesdienste abgehalten wurden. Die Hundstage waren früher auch mit einer Vielzahl von Verboten belegt: Man sollte nicht baden, weil zu der Zeit alle Gewässer giftig seien und man Ausschläge bekäme oder gar ertrinke. Man sollte sich die Haare nicht waschen, weil sie sonst ausgehen oder man Kopfweh bekäme und so weiter. Heute vermuten wir, dass diese Verbote einen ganz realen Hintergrund haben: Durch die Hitze konnten sich Keime im Wasser stark vermehren, die bei mangelnder Hygiene natürlich Folgen für die Gesundheit hatten.

Wie an anderen Unglückstagen darf man auch nicht heiraten in den Hundstagen, nicht verreisen, kein Holz fällen und nicht Kraut hacken. Außerdem fürchtete man die Tollwut, die besonders in den Hundstagen auftrete. Schon die alten Griechen glaubten, dass der Sirius mit der Hitze auch „hitzige Krankheiten", Pest und Seuchen bringe. Weil viele der Krankheit bringenden Dämonen in der antiken Mythologie hundeähnlich aussehen, haben die Griechen den Sirius wohl auch Hundsstern genannt. Und so heißen die Hundstage also doch nach dem Hund, wenn man dem Namen auf den Grund geht.

25.

Jakobus, Thea

*** Sind um Jakobi die Tage warm, gibt's im Winter viel Kälte und Harm.**

Langjährige Wetterbeobachtungen haben gezeigt, dass nach einem trockenen, warmen Jakobitag mit 60-prozentiger Wahrscheinlichkeit ein zu kalter Januar folgt. Ist das Wetter um Jakobi dagegen zu kalt, folgt mit ebenso hoher Wahrscheinlichkeit ein zu milder Januar.
„Jakobi im Schnitt" heißt dieser Tag auch, er gilt als Wetterlostag für die Ernte. Mit dem Jakobitag beginnt vielerorts die Getreideernte. Früher wurden auf großen Bauernhöfen an diesem Tag Erntehelfer eingestellt, und ab Jakobi gab es extra-kräftige Kost für alle, die an der harten Arbeit beteiligt waren.

26.

Joachim, Anna

Von Sankt Ann geh'n die kühlen Morgen an.

Der Festtag der Heiligen Anna und Joachim, Eltern der Gottesmutter Maria, wurde schon 1558 von der katholischen Kirche als Feiertag vorgeschrieben. Vielerorts versammelte man sich an diesem Tag wie an Jakobi in den Kirchen zum Gebet für eine glückliche Ernte. Wenn man am Annentag Rüben sät, werden sie angeblich nicht von Erdflöhen heimgesucht. Bis heute wird die heilige Anna als Schutzpatronin der Ehefrauen verehrt. Ebenso ist sie Nothelferin bei Wassergefahr und Schutzheilige der Bergwerke. Ihr Gedenktag wird in manchen Bergwerksorten als großer Festtag begangen.

27.

Bertold von Garsten (Österreich), Pantaleon

Was die Hundstage gießen, muss die Traube büßen.

28.

Innozenz I., Beatus

Hundstage heiß – Wintertage lange weiß.
Hundstage klar – gutes Jahr.

29.

Martha, Ladislaus, Flora

Ist Florentine trocken 'blieben,
schickt sie Raupen in Korn und Rüben.

Der Juli wird im bäuerlichen Sprachgebrauch noch immer als „Heumonat" bezeichnet, war doch der ganze Monat von dieser so wichtigen Arbeit bestimmt. Mindestens zwei schöne Sonnentage in Folge brauchte es dann, bis das Gras zu Heu getrocknet war und eingefahren werden konnte. So beachtete man im Juli besonders genau das Wetter: Das Getreide durfte kurz vor der Ernte nicht verhagelt werden und das Heu nicht nass: „Wer nicht geht mit dem Rechen, wenn die Fliegen und Bremsen stechen, muss im Winter gehen mit dem Strohseil und fragen: Wer hat Heu feil?" heißt ein alter Bauernspruch, und ein anderer weiß: „Hört der Juli mit Regen auf, geht leicht ein Teil der Ernte drauf." oder „Regnet's zum Juli hinaus, schaut der Bauer nicht gern aus dem Haus."

30.

Petrus Chrysologus, Ingeborg, Batho

So golden die Sonn im Juli strahlt,
so golden sich der Roggen mahlt.

31.

Ignatius von Loyola, Goswin, Hermann von Niederaltaich

Wie das Wetter an Ignaz ist, so stellt sich auch der Januar ein.

August

Seit mehr als tausend Jahren lässt sich für den August der Name Erntemond nachweisen. Und so haben auch alle alten Bräuche und alle Aktivitäten des Bauern in diesem Monat mit der Getreideernte zu tun. In den Bergen wurde das Getreide mit der Sichel geschnitten, im Flachland – bis zum Aufkommen von Bindemäher und Mähdrescher – mit der Sense. Am 15. August begehen die Katholiken einen großen Feiertag: Mariä Himmelfahrt, den Großen Frauentag. Mit feierlichen Hochämtern in der Kirche, mit Prozessionen und Umzügen wird die Patronin vieler Kirchen gefeiert. Frauen und Mädchen binden in Bayern für diesen Tag Kräuterbuschen mit heilkräftigen, sagenumwobenen Pflanzen, und lassen sie in der Kirche weihen.
Am Himmelfahrtstag sollen Kräuter und Blumen nämlich am schönsten blühen und am heilkräftigsten sein.
Mit dem Feiertag Mariä Himmelfahrt beginnt der Frauendreißiger, wie die Zeit zwischen

Großem und Kleinem Frauentag am 8. September heißt. Vor langer Zeit war diese Zeit sogar dem Fastengebot, dem „Erntefasten“ unterworfen. An diesen 30 Tagen der besonderen Marienverehrung soll nach altem Glauben über der Natur dreifacher Segen liegen: die Pflanzen besonders heilkräftig, die Früchte besonders saftig und die Hühnereier besonders haltbar.
War die Ernte glücklich eingebracht, gab es auf den meisten Höfen ein üppiges Festmahl mit Knechten und Mägden und den Lohnarbeitern, die mitgeholfen hatten: Das war die „Sichelleg“ oder „Sichelhenk“, wenn also die Sichel weggelegt oder weggehängt wurde. Es gab Fleisch und Kraut und Kartoffeln und Knödel für alle, dazu das gute „Arntbier“, das Erntebier, ohne Beschränkung, und Schmalzgebackenes. Im Anschluss daran betete man bis vor wenigen Jahrzehnten noch den „Seelengang“ – einige Vaterunser oder einen Rosenkranz – für die Armen Seelen der Verstorbenen des Hofes, die bei der Ernte geholfen haben. Und danach, wenn die Lebenden satt und die Verstorbenen bedacht waren, und wenn alle schon mehr oder weniger leicht beschwipst waren, holten die

Burschen ihre Ziehharmonika heraus, und es wurde gesungen und getanzt. Ende August sind nicht nur die Heu- und die Getreideernte abgeschlossen, auch der Sommer neigt sich seinem Ende zu. Das bedeutet aber nicht, dass sich der Landmann nicht mehr für das Wetter interessieren würde. Denn noch hängen Obstbäume und Weinstöcke voller reifender Früchte, und auf den Feldern warten Kartoffeln, Kraut und Rüben noch auf einen milden Herbst. Langjährige Wetterbeobachtungen haben für den August folgende sehr bewährte Regeln ergeben: Ist die erste Augustwoche heiß, gibt es im Winter viel Schnee. Wenn um den 10. August häufig die Sonne scheint, wird auch der Herbst trocken. Ist sogar der gesamte August schön warm, wird der Februar des kommenden Jahres oft mild. Der Umkehrschluss aus dieser Regel bestätigt sich aber nicht: Ist der August nämlich eher zu kalt, so lässt sich keinen Zusammenhang zum Februarwetter herstellen. Regnet es dagegen viel um den 25. August, kann man sich damit trösten, dass der Erfahrung nach in den Monaten Oktober und November wenig Niederschlag fällt.

August

1.

Alfons von Liguori, Peter Faber

**Ist's von Petri bis Lorenzi (10.8.) heiß,
dann bleibt der Winter lange weiß.**

2.

Eusebius, Gundekar, Portiunkulafest

**Eine Portiunkulawoche ist immer gut,
entweder die vor oder nach Portiunkula.**

Heute weiß kaum mehr jemand, was sich hinter „Portiunkula“ verbirgt. Es handelt sich dabei um ein altes Kirchlein namens Santa Maria degli Angeli in der Nähe von Assisi, in dem die heilige Klara 1212 dem weltlichen Leben entsagte und aus der Hand des heiligen Franz von Assisi ihr klösterliches Büßergewand empfing. Das lateinische „portiuncula“ bedeutet „Teilchen“ – dieser Name ist dem Kirchlein geblieben, entweder weil es so klein war, oder nach dem kleinen Stück Acker, das dazu gehörte. Dass dieses Kirchlein so stark im Bewusstsein der Leute auch diesseits der Alpen war, ist dem Portiunkulaablass der katholischen Kirche zu verdanken: Je häufiger man am Portiunkulatag die Kirche besuchte, um so größer war der Ablass, den man dadurch erreichen konnte. Ältere Menschen erinnern sich bis heute, dass sie sich als Kinder wunderten: Man besuchte an diesem Tag die Kirche, betete eine vorgeschriebene Zahl von Gebeten, ging dann zum Familiengrab auf dem Friedhof, um danach wieder in die Kirche zu gehen – und diese Prozedur wiederholte sich noch einige Male. Am Tag des Portiunkulafestes steht nach altem Glauben der Himmel offen – wer heute stirbt, kommt gleich hinein.

3.

Lydia

**Fängt der August mit Hitze an,
bleibt auch lang die Schlittenbahn.**

4.

Johannes Maria Vianney

Im August viel Regen ist dem Wein kein Segen.

„Wenn man vor den Hundstagen Reizker findet, wird der Wein nicht gut geraten.“ „Was die Hundstage gießen, muss der Winzer büßen.“, heißt es auch, und: „Will der August dem Winzer nicht lachen, so kann der September nicht mehr viel machen.“ Nicht nur den Getreidebauern, auch den Winzer kann ein August mit viel Regen und Hagel die Ernte eines ganzen Jahres kosten. Damit die Weinernte gut ausfällt, kann nach altem Glauben der Winzer aber auch durch richtiges Trinken nachhelfen: Schon beim Anlegen eines Weinbergs, bei der Reute, soll man zum festlichen Reutbraten im Anschluss an die Arbeit einen „guten Trunk trinken, damit sich der Weinberg ein Beispiel daran nimmt“. Wenn er den Weinberg hackt, soll der Winzer den Hackwein trinken, dann trägt der Wein angeblich lieber.

5.

Oswald

Sankt Oswald muss recht trocken sein, sonst wird teuer Korn und Wein.

Mariä Schnee

Der heilige Oswald ist Patron der Schnitter und Mäher und wird mancherorts auch zu den vierzehn Nothelfern gezählt. In Oberbayern und Tirol gilt er als „Wetterherr“. Von ihm wurde Schutz vor Hagelschlag erbeten. Die Rübenbauern in Niederbayern und die im Bayerischen Wald haben Oswald dagegen zum Rübenheiligen erkoren: „Zu Oswald wachsen die Rüben bald.“

Eine andere Bauernregel weiß: „Regen an Mariä Schnee, tut dem Korn tüchtig weh.“ In der Nacht zum 5. August 352 hatte Papst Libero eine Vision: Die Gottesmutter wies ihn an, auf dem verschneiten Hügel Esquilin in Rom eine Kirche zu bauen. Und tatsächlich fand man am nächsten Morgen den Hügel mitten in der Sommerhitze von Schnee bedeckt. Die darauf errichtete Kirche, Santa Maria Maggiore, ist bis heute ein vielbesuchtes Pilgerziel.

August

6.

Octavian

**Erste Augustwoche heiß,
bleibt der Winter lange weiß.**

Verklärung des Herrn

7.

Kajetan, Sixtus, Afra, Juliana von Lüttich

An Sankt Afra Regen kommt dem Bauern ungelegen.

8.

Dominikus, Cyriakus

**Auf Hitze an Sankt Dominikus,
ein strenger Winter folgen muss.**

Eine weitere Bauernregel für diesen Tag sagt dasselbe aus: „Je mehr Dominikus schürt, um so mehr man im Winter friert." Tatsächlich können die Meteorologen nach einer heißen ersten Augustwoche überdurchschnittlich mehr Schneetage im Folgewinter nachweisen. Der heilige Dominikus wurde als spanischer Adliger 1170 geboren – zu einer Zeit, als die Bewegung der Katharer oder Albigenser immer stärker wurde, die sich gegen die offizielle Lehre der katholischen Kirche wandten. Um diese zu Ketzern erklärten Abweichler zu bekehren, gründete Dominikus den Predigerorden der Dominikaner. Dafür wurde er schon dreizehn Jahre nach seinem Tod 1221 heilig gesprochen. Die Ketzer allerdings wurden in den Albigenserkriegen bis 1229 grausam ermordet.

9.

Edith Stein, Roman

**Wenn's im August nicht regnet,
ist der Winter mit Schnee gesegnet.**

10.

Laurentius, Astrid, Asta

*** Schöner Laurentiustag – trockener Herbst.**

Diese Wetterregel trifft mit einer Wahrscheinlichkeit von 80 Prozent ein. Ist es um den 10. August besonders sonnig, fallen September, Oktober und November in vier von fünf Jahren zu trocken aus. „An Laurenzi ist es Brauch, da hört das Holz zu wachsen auf“ – lautet eine weitere alte Bauernregel, die ebenfalls von der Wissenschaft heute bestätigt wird. Der heilige Laurentius wurde durch die Art seines Todes – man hat ihn auf einem glühenden Rost zu Tode gefoltert – dem heiligen Florian zur Seite gestellt und zum Patron aller Berufe, die mit Feuer zu haben: Kohlenbrenner, Köche, Bäcker, Büglerinnen, Feuerwehrleute; er schützt vor Brandwunden, Fieber und Rückenschmerzen und den Qualen des Fegefeuers. Auch ein ganz besonderer Zauberglauben verbindet sich mit ihm: Wenn es am Laurenzitag zu Mittag läutet, soll man in einer Ecke des Gartens die Erde aufgraben. Mit etwas Glück findet man Laurenzikohlen, ein sicheres Mittel gegen Brandwunden, Feuer und Alpdrücken. Um den 10. August sind auch besonders viele Sternschnuppen am Himmel zu sehen. Das sind die Laurenziustränen, die der Himmel weint, aus Erbarmen über die Marter des Heiligen. Wenn sie in der Lorenznacht auf die Erde fallen, verwandeln sie sich in pures Gold.

11.

Klara von Assisi, Susanna, Philomena von Rom

**Augustsonne, die früh schon brennt,
nimmt manchmal kein gutes End.**

12.

Radegundis, Hilaria

Im August viel Regenschauer ist Verdruss für jeden Bauer.

August

13.

Kassian, Hippolyt

Wie das Wetter an Kassian, hält es viele Tage an.

14.

Maximilian Kolbe, Eberhard

Um Mariä Himmelfahrt (15.8.), das wisse, gibt es schon die ersten Nüsse.

15.

Mechthild von Magdeburg, Rupert von Ottobeuren

*** Wie das Wetter am Himmerfahrtstag, es noch zwei Wochen sein mag.**

Mariä Himmelfahrt

Meteorologen bestätigen dieser Wetterregel eine hohe Trefferquote. Liegt die Sonnenscheindauer Mitte August unter dem Durchschnitt, bleibt sie auch in den nächsten zwei Wochen mit einer Wahrscheinlichkeit von 62 Prozent unter normal. Ist es dagegen am Himmelfahrtstag sonnig und warm, so bleibt das sonnige Wetter mit 75-prozentiger Wahrscheinlichkeit auch in den nächsten beiden Wochen erhalten.

Bis heute binden in katholischen Gegenden die Frauen am Großen Frauentag Kräuterbuschen, die dann in der Kirche geweiht werden. Früher gingen die Mädchen und Frauen schon Tage vor Mariä Himmelfahrt zum Kräutersuchen: 77 Kräuter gehörten ursprünglich in den Kräuterbuschen, heute sind es 15 oder 21 oder auch nur neun oder sieben – aber immer handelt es sich um eine magische Zahl. Welche Kräuter hineingebunden werden in den Strauß, das war in jeder Region, ja fast in jeder Familie, unterschiedlich: Von Johanniskraut über Lavendel und Petersilie reicht die Liste bis zu inzwischen seltenen Pflanzen wie gelbem Enzian, blühendem Flachs und Arnika. Noch im späten Mittelalter dienten die getrockneten Kräuterbuschen auf dem Lande zu allerhand Abwehrzauber.

16.

Stephan von Ungarn, Rochus, Theodor, Serena

**Wenn Sankt Rochus trübe schaut,
kommt die Raupe in das Kraut.**

Als einer der volkstümlichsten Heiligen wird der heilige Rochus mancherorts sogar zu den 14 Nothelfern gezählt. Schon zu Lebzeiten soll der Heilige Pestkranke geheilt haben. Als er dann selbst erkrankte und in einer Hütte im Wald lag, habe ihn ein Engel des Herrn gesund gepflegt. Als die Pest vor allem im 15. Jahrhundert in Europa wütete, entstanden überall ihm geweihte Kirchen, Kapellen, Bildstöcke und Krankenhäuser für Pestkranke, „Rochus-Spitäler" genannt. Dargestellt wird der Heilige als Pilger, der auf seine Pestbeule am Bein zeigt. Neben ihm sitzt ein Hund, der ihn der Legende nach während seines Krankenlagers mit Brot versorgt haben soll. Nicht nur gegen die Pest hilft seine Fürbitte, sondern angeblich auch gegen alle anderen Seuchen, die über viele Jahrhunderte die Menschen plagten: Cholera, Tollwut und andere. Wegen seiner Darstellung mit der Pestbeule am Bein wurde er vor allem auch bei Geschwüren und bei Fußleiden angerufen. In Schwaben pilgerten schwangere Frauen zum heiligen Rochus mit der Bitte um eine leichte Geburt. Und als Helfer der Bauern bei Viehseuchen, vor allem auch der Schweinepest, wurde er zum Schutzpatron besonders der Schweine und auch der Rinder – so, wie man die Rösser dem heiligen Leonhard empfahl.

17.

Jutta, Hyazinth

Der Tau ist dem August so Not wie jedermann sein täglich Brot.

18.

Agabius, Helena, Klaudia

**Holz, am Agabiustag geschlagen,
fault nicht bis zum Jüngsten Tag.**

August

19.

Johannes Eudes, Sebald

Regnet's an St. Sebald, nahet teure Zeit sehr bald.

Der heilige Sebald wird besonders in der Gegend um Nürnberg verehrt. Wahrscheinlich stammt auch diese einzige bekannte Wetterregel mit seinem Namen aus der Region. Er gilt als der Schutzpatron gegen Kälte – und das kam so: Als der Heilige bei strengem Frost als Pilger in der Gegend um Nürnberg unterwegs war, nahm ihn ein mitleidiger Wagenmacher für die Nacht auf, weigerte sich aber, seinem frierenden Gast ein Feuer anzuzünden. Da verwandelte Sebald die Eiszapfen, die vom Dach hingen, in Brennholz, sodass der Geizige beschämt den Ofen anfeuerte. Berühmt ist auch sein Strahlenwunder: Als nämlich ein Bauer auf der Suche nach seinen entlaufenen Ochsen an die Zelle des Einsiedlers kam, wurde es schon dunkel. Er bat den frommen Mann um Rat, da hieß ihn dieser seine Hände in die Höhe heben, worauf aus den Händen ein so helles Licht strahlte, dass der Bauer seine Tiere bald wieder fand. Als der heilige Einsiedler sein Ende kommen fühlte, wies er eine Frau an, seinen Leichnam dann auf einen Ochsenkarren zu legen und dort zu begraben, wo die Ochsen von selbst stehen blieben. Die Frau gehorchte, und dort, wo Sebald schließlich begraben wurde, steht heute die Sebalduskirche in Nürnberg, deren Stadtpatron St. Sebald ist.

20.

Bernhard von Clairvaux, Ronald, Samuel

Bläst im August der Wind aus Nord, so dauert gutes Wetter fort.

21.

Pius X., Balduin

Was der August nicht kocht, bratet der September nicht.

22.

Siegfried

**Wer im August will bleiben wohl,
genieße weder Fisch noch Kohl.**

Mariä Königin

23.

Rosa von Lima, Richildis

Im August beim ersten Regen, pflegt die Hitze sich zu legen.

24.

Bartholomäus, Ansoalda (Isolde)

*** Bleibt Sankt Bartholomäus im Regen steh'n,
ist ein guter Herbst vorauszuseh'n.**

Um den heiligen Bartholomäus, einen außerordentlich volkstümlichen Heiligen, gibt es zahlreiche Wetterregeln: „St. Barthl schön, Herbst schön", ist am einfachsten zu merken. Womit die Bauern um den 24. August beschäftigt waren, zeigt der Spruch: „Um Barthlmä liegt's Grummet aufm Heu." Grummet ist die zweite Mahd, die Ende August abgeschlossen sein sollte. „Sankt Barthelmä, Brotzeit ade!", heißt es etwas wehmütig. Die Sonne geht nicht mehr so früh auf, das Ernten und damit das sehr frühe Aufstehen mit extrem schwerer Arbeit sind vorbei – und damit eine zusätzliche stärkende Zwischenmahlzeit.

Wahrscheinlich, weil sein Gedenktag am Ende der Erntezeit liegt, ist der Heilige so beliebt geworden. Man hat ihm Kirchen geweiht – darunter so romantisch gelegene wie St. Bartholomä am Königssee unterhalb des Watzmanns – und hat Wallfahrten ihm zu Ehren unternommen.

Neuere Wetterbeobachtungen bestätigen: Wenn um Bartholomäus überdurchschittlich viel Regen fällt, wird der Herbst mit 70-prozentiger Wahrscheinlichkeit zu trocken. Wobei diese Beobachtung nicht für den September gilt, sondern für die Monate Oktober (80-prozentige Wahrscheinlichkeit) und November (67-prozentige Wahrscheinlichkeit).

August

25.

Ludwig, Elvira, Patricia

Um Bartholomä (24. August) wächst das Kraut in die Höh.

26.

Gregor von Utrecht

**Wenn's im August stark tauen tut,
bleibt das Wetter meistens gut.**

Das Gleiche gilt für den Nebel: „Auf gut Wetter vertrau, beginnt der Tag nebelgrau". Wenn Nebel und Tau, also kondensierte Luftfeuchtigkeit, am Boden liegen, deutet das auf wenig Wind und Wolken und eine ruhige Hochdrucklage hin. Steigt der Nebel dagegen durch eine aufwärts gerichtete Luftbewegung empor, kühlt die feuchte Luft ab und es entstehen Regenwolken.

27.

Monika, Gebhard

**Wer Eier für den Winter will sparen,
der muss vom August sie aufbewahren.**

Früher legten die Hühner im Winter keine Eier. So musste der Wintervorrat an Eiern im Spätsommer und im Herbst angelegt werden. Augusteier waren deshalb besonders beliebt, weil zum einen die Hühner zu dieser Zeit noch fleißig legten und weil zum anderen die „Dreißigsteier" oder „Fraueneier", also die im Frauendreißiger zwischen den Marienfeiertagen Mariä Himmelfahrt (15.8.) und Mariä Geburt (8.9.) gelegten Eier, als besonders kräftig, nahrhaft und haltbar galten – ebenso wie übrigens die „Schlüsselblumeneier" im März/April. Man legte die frischen Eier in ein größeres Keramik- oder Steinzeuggefäß und bedeckte sie mit einer Mischung aus Wasser und Kalk. So hielten sie sich bis zum Frühjahr. Bis etwa Ende Februar mussten die eingekalkten Eier reichen – um den Tag des heiligen Matthias (24.2.) fingen die Hühner wieder an zu legen.

28.

Augustinus, Elmar

Um die Zeit von Augustin, zieh'n die warmen Tage hin.

Der gleiche Wetterspruch endet manchmal auch „... ziehen alle Wetter hin“, wobei mit „Wetter“ natürlich Unwetter gemeint sind. Wenn die größte Hitze, also die warmen Tage zu Ende gehen, verschwinden damit natürlich auch die schweren Sommergewitter, die gerade durch die extreme Hitze mit verursacht werden. Mit Ende August zieht meist der Spätsommer ein, der ruhiges und sonniges Wetter mit sich bringt – letzte Chance für die Herbstfrüchte, in der Sonne zu reifen, denn: „Was August nicht vermocht, kein September mehr kocht“, oder auch: „Was der August nicht kocht, lässt der September ungebraten.“

29.

Sabine, Vera, Verona

Wenn der Kuckuck im August noch schreit,
so gibt es im Winter eine teure Zeit.

30.

Heribert, Felix und Adauctus, Amadeus, Rebekka

Bischof Felix zeigt an, was wir in vierzig Tag für Wetter han.

31.

Raimund, Paulinus

Sankt Raimund treibt die Wetter aus.

September

Scheiding – so lautet das alte deutsche Wort für den September, denn er scheidet das Sommer- vom Winterhalbjahr. Mittelhochdeutsch hieß der September Herbstmond. Der bei uns gebräuchliche Name stammt noch vom alten römischen Kalender mit dem Jahresanfang am 1. März: September heißt nämlich „der Siebte". Nach unserem gregorianischen Kalender ist der September der neunte Monat mit 30 Tagen. Und eine Wetterregel, auf die noch heute Verlass ist, besagt: Ist der September sehr mild und am Ende verregnet, dann steht ein milder Winter bevor. Ist es um die Mitte des Monats (16. bis 18.) sonnig, wird das nächste Frühjahr trocken. Fällt um den 21. Regen, bleibt es auch in den nächsten vier Wochen nass.

Im September endet der Frauendreißiger, diese nach altem Glauben gesegnete Zeit, in der auch Krankheiten besonders gut heilbar sind. Wer zum Beispiel Warzen hatte, der sollte sie in dieser Zeit unbedingt mit den bekannten Hausmitteln behandeln: Allen voran hat man hier den Saft des Schöllkrauts verwendet, den man am besten mehrmals täglich auf die Warze tupfen sollte. In Tirol sollte man die Pflanze zu diesem Zweck am besten während des Frauendreißigers auf einem Kirchhof pflücken, und zwar bei abnehmendem Mond am besten an einem Freitag. In Bayern sollte die beste Zeit während einer Beerdigung sein, außerdem dürfe man die Warze nach dem Bestreichen nicht anschauen. Anderswo diente Schöllkraut während des Frauendreißigers dazu, um die Milchproduktion bei Kühen anzuregen: Die Kühe mussten möglichst viele der Pflanzen fressen, dann sollten sie mehr Milch geben. Ähnliche Anwendungsbeispiele lassen sich für viele Pflanzen mit überlieferter tatsächlicher oder sagenhafter Heilwirkung finden – und während des Frauendreißigers sollen sie besonders gut und schnell gewirkt haben.

Im September ist auch die Ernte eingebracht – bis auf den Hafer, der als Letzte der Getreidearten oft erst Anfang des Monats geerntet wird. Doch trotzdem kann sich der Bauer nicht hinter den Ofen setzen – im September muss die Saat für das nächste Jahr ausgebracht werden. Vom ersten bis zum letzten Septembertag erinnern die Bauernregeln daran, dass Anfang September ans Säen gedacht werden muss, das gegen Michaeli (29.9.) beendet sein sollte. Der Michaelitag war *früher ein wichtiger Zins- und Abgabetag, wie etwas später der Martinstag (11. November). Auch Ein- und Ausstand, wenn also Dienstboten ihre Stellung wechselten, fanden an Michaeli statt. Und wie an allen solchen Tagen gab es an Michaeli auch Jahrmärkte, auf denen die Dienstboten ihren Lohn ausgeben konnten. Für die Herbstsaat ist mildes, aber feuchtes Klima wichtig, damit die Saat nicht vertrocknet. Für Norddeutschland gilt: Wenn in der ersten Septemberdekade kaum die Sonne scheint, wird es bis Ende des Monats meist bewölkt sein. Insgesamt deutet trockenes Wetter um den 1. und den 11. September auf einen niederschlagsarmen Monat hin. Regnet es um den 21., ist es vier Wochen lang eher nass. Doch vom September-wetter kann man erfahrungsgemäß auch auf das Wetter des nächsten Frühlings schließen: Ist es um den 16. bis 18. sonnig, wird das nächste Frühjahr trocken sein, und das gilt auch für die gegenteilige Witterung. Wenn der September insgesamt sehr mild verläuft und am Ende verregnet ist, kann man mit einem kommenden milden Winter rechnen, besonders gegen Winterende im Februar.*

September

1.

Ägidius, Verena

*** Gib auf Ägidien wohl Acht, er sagt dir, was der Monat macht.**

Auf den heiligen Ägidius ist Verlass. Untersuchungen haben bestätigt: Einem trockenen und warmen Monatsanfang folgt mit 80-prozentiger Wahrscheinlichkeit ein insgesamt trockener September.
Vor allem die Winzer hoffen an diesem Tag auf gutes Wetter: „Bei schön' Wetter am Ägiditag man guten Wein erwarten mag." Tatsächlich verläuft das Wetter im September recht einheitlich, sodass die Tage des Monatsbeginns durchaus als maßgebend angesehen werden können für die Witterung im ganzen Monat. Wenn zu Beginn des September auch die Ernte eingebracht ist, so kann sich der Bauer doch noch nicht ausruhen, denn: „Wenn St. Ägidius bläst ins Horn, dann heißt es: Bauer, sä dein Korn." oder auch: „Willst du Korn im Überfluss, dann sä es an Ägidius; wenn du säst ins freie Land, vor und nach des Neumonds Stand, wächst kein Unkraut und kein Brand."
Bei unseren französischen Nachbarn wird der Heilige, der zu den 14 Nothelfern zählt, besonders in der Provence sehr verehrt. Um das Städtchen St. Gilles, wo der Heilige um das Jahr 725 als Einsiedler starb und wo sich auch sein Grab befindet, ist es Brauch, am 1. September zumindest einige Körner symbolisch über den Acker zu streuen, auch wenn sich die eigentliche Saat noch etwas hinauszögert.
Nur eine Wetterregel, dafür eine besonders nette, haben wir gefunden, die den Namen der heiligen Verena aufnimmt, die ebenfalls heute ihren Namenstag feiert: „Ist's schön am Vrenlitag, muss der Galli (16.10.) die Hose trocknen." Unschwer ist zu erkennen, dass diese Regel aus der deutschsprachigen Schweiz stammt, wo die heilige Verena besonders verehrt wird.

2.

Ingrid, Nonnosus

**Septemberangang mit leichtem Regen,
kommt dem Bauern sehr gelegen.**

3.

Gregor der Große (von Nyssa), Sophia von Minden

**Donnert's im September noch,
wird der Schnee zu Weihnacht hoch.**

4.

Ida, Rosalia, Irmgard von Süchteln (Köln)

**Zu Sankt Veit (15.6.) geht's auf die Weid,
Sankt Rosal treibt's Vieh ins Tal.**

Auf sehr hoch gelegenen Almen ist der Almsommer für die Tiere nur sehr kurz. Schon zu Beginn des Septembers wird das Vieh auf niedriger gelegene Almen getrieben, auf denen die Gefahr früher Schneestürme nicht besteht. Ende des Monats werden dann aber alle Tiere bis ins Tal abgetrieben – es sei denn, die Witterung ist schon sehr schlecht, dann kann es auch schon einmal Mitte September einen Viehabtrieb ins Tal geben. Dass die heilige Rosalia als Namensgeberin für diesen Viehabtrieb herhalten musste, liegt allein am Termin ihres Gedenktages. Mit der Heiligen selbst hat das nichts zu tun, ist Rosalia doch die Patronin Siziliens und besonders der Stadt Palermo. Dort lebte sie in einer Höhle auf dem Monte Quisquina, wo sie, aus einem der ältesten Adelsgeschlechter Siziliens stammend, dem reichen Leben am Hofe entsagte.
Der September und der Mai sind übrigens die beiden bewölkungsärmsten Monate des Jahres – zumindest laut Statistik. Eine bäuerliche Wetterregel hat das schon vor langer Zeit erkannt: „Der September ist der Mai des Herbstes." Beide sind Übergangsmonate, die mit einer durchschnittlichen Tagestemperatur von 10 bis 15 °C im Jahresmittel große Ähnlichkeiten aufweisen.

5.

Roswitha von Gandersheim

**Wenn im September viel Spinnen kriechen,
sie einen harten Winter riechen.**

6.

Magnus, Gundolf, Eskil

An Sankt Mang sät der Bauer den ersten Strang, an Mariä Geburt (8.9.) sät er furt.

Besonders im Allgäu wird der heilige Magnus hochverehrt. Er war Mönch im Kloster St. Gallen in der Schweiz und missionierte das „wilde Allgäuer Bergvolk“, wie es in einer alten Heiligenlegende heißt. Er gründete Kempten und Waltenhofen und errichtete in Füssen Zellen und ein Gotteshaus, aus dem später das Benediktinerkloster St. Mang entstand. Dort starb der Heilige 750 und dort ist er auch begraben. Weil er das Böse, Heidnische in der Gegend ausrottete, wurde er von Anfang an dargestellt mit Drachen und allerlei wilden oder auch giftigen Tieren wie Schlangen, denen er das Kreuz entgegenhält – als Sinnbild für die Heiden, die er bekehrte. Sehr früh schon hat man dies ganz wörtlich genommen und den Heiligen zum Patron gegen Ungeziefer aller Art erklärt: gegen Schlangen, Würmer, Raupen, Mäuse und andere Schädlinge im Haus und auf den Feldern.

7.

Otto von Freising, Regina, Judith

Ist Regina warm und sonnig, bleibt das Wetter lange wonnig.

8.

Adrian, Hadrian, Seraphina

*** Wie das Wetter zu Maria Geburt sich verhält, so ist’s noch weitere vier Wochen bestellt.**

Mariä Geburt

Diese Wetterregel gilt vor allem im Alpenraum. Hat sich nämlich zu Anfang des Monats ein Azorenhoch gebildet, das für das schöne Wetter an Mariä Geburt verantwortlich ist, so bleibt dieses Tief auf dem Kontinent meist noch bis in die zweite Monatshälfte wirksam. Dort genießt man

dann einen ausgedehnten Altweibersommer und vielleicht sogar noch einen goldenen Oktober. Im Norden dagegen können die vom Meer kommenden Winde mit ihrer feuchten Luft das Schönwetter-Hoch vertreiben und zur Bildung von Nebel und Hochnebel führen.
Regional unterschiedlich, endet heute, am „Kleinen Frauentag", oder am 12. September, dem Tag Mariä Namen, die fruchtbare und gesegnete Zeit des „Frauendreißigers". Jetzt sollte die gesamte Ernte eingebracht sein, nicht nur die der Feldfrüchte, sondern auch Heilkräuter, Wurzeln, Beeren und andere Vorräte für den Winter sollten – soweit sie schon reif sind – in der Speisekammer oder im Keller verwahrt und für die kalte Zeit konserviert sein. Gilt doch nach der bäuerlichen Tradition die Natur als in den Tagen seit dem „Großen Frauentag" am 15. August als besonders gesegnet.

9.

Otmar, Gorgonius

**Regnet es am Sankt-Gorgons-Tag,
geht die Ernte verloren bis auf den Sack.**

10.

Theodard, Pulcheria, Nikolaus von Tolentino

**September- und Oktoberregen
kommt dem Bauern sehr gelegen.
Doch wenn er den Winzer trifft,
ist er grad so gut wie Gift.**

11.

Felix und Regula, Protus und Hyacint

**Wenn's an Protus nicht nässt,
ein dürrer Herbst sich erwarten lässt.**

12.

Maria, Guido von Anderlecht

An Mariä Nam' kommen die Schwalben z'samm.

Mariä Namen

Vier Tage nach der Geburt Mariens feiert man den Tag ihres Namens. Das Fest ist noch nicht so alt. Erst nachdem unter Anrufung des Namens Maria vor Wien am 12. September 1683 der Sieg über die Türken erfochten worden war, schrieb Papst Innozenz XI. zum Dank für die Befreiung aus der Türkengefahr das Fest für die ganze Kirche vor. In ganz Süddeutschland brach im 17. Jahrhundert die Begeisterung für den Namen Maria aus: In München, der Hauptstadt des damaligen Kurfürstentums Bayern, dessen Schutzpatronin Maria, die Patrona Bavariae ist, wurden im Jahr 1730 rund 85 Prozent aller Mädchen Maria getauft!

13.

Johannes Chrysostomus, Notburga, Tobias

Fällt im September Schnee in der Alp, kommt der Winter nicht so bald.

Vor allem im südlichen Bayern gedenkt man an diesem Tag der heiligen Notburga, die von 1265 bis 1313 in Rattenberg in Nordtirol lebte und dort als Magd auf dem Schloss Rottenburg diente. Der Legende nach wurde sie von ihrem Herrn gezwungen, über den Feierabend hinaus auf dem Feld zu arbeiten. Sie weigerte sich aber, wollte sie doch ihr vorgeschriebenes Gebet verrichten, und warf ihre Sichel in die Luft. Zum Entsetzen der Anwesenden blieb die Sichel in der Luft hängen wie an einem Nagel. Erst als man ihr zugesichert hatte, dass sie zum Beten freigestellt würde, nahm sie die Sichel wieder herunter. Mancherorts wird die Heilige zu den 14 Nothelfern gezählt. In weitem Umkreis jedoch gilt sie als Patronin des Bauernstandes und als Patronin der Mägde. Als ehemalige Bauernmagd wird sie auch als Fürbitterin bei Viehkrankheiten angerufen. Bis vor etwa zweihundert Jahren hielt man die Erde im Umkreis ihres Grabes für heilkräftig und wendete sie bei Erkrankungen von Vieh und Mensch innerlich und äußerlich an.

14.

Maternus

Ist's hell am Kreuzerhöhungstag, so folgt ein strenger Winter nach.

Kreuzerhöhung

15.

Dolores, Ludmilla, Melitta

Sankt Ludmilla, das fromme Kind, bringt Regen gern und Wind.

Gedächtnis der Schmerzen Mariens

16.

Cornelius, Edith von Wilton, Julia von Trier, Cyprian

Durch des Septembers heit'ren Blick, schaut noch einmal der Mai zurück.

Im September reifen die tiefschwarzen Beerendolden des Holunder. Aus den vitaminreichen Beeren, die roh für den Menschen ungenießbar sind, gekocht aber äußerst wohl schmeckend, bereitete man früher größere Mengen Hollerkompott und Hollersaft als Wintervorrat. Sie dienten zum einen der Vitaminversorgung, zum anderen waren sie als Heilmittel geschätzt: Bei Erkältungen lindert etwas erwärmter Holundersaft Husten und Heiserkeit, das Hollerkompott hilft auch bei Schleimhautentzündungen. Gekocht wird dieses Kompott aus Holunderbeeren mit einigen Zwetschgen und Birnenschnitzen, Zucker, einer Zimtstange und Wasser. Im Winter schmeckt es dann zu allen Mehlspeisen, zum Beispiel zu Grießbrei oder Reisauflauf.

„Holunder wirkt Wunder", sagte man früher, und: „Vor dem Holunder muss man den Hut ziehen". Nicht nur die Beeren, auch die Blüten werden als Medizin verwendet. Sie bilden getrocknet einen schweißtreibenden Erkältungs- und Fiebertee. Früher wurden auch noch Rinde und Blätter verwendet, die aber stark abführende Wirkstoffe enthalten und in zu hohen Gaben die Nieren schädigen können. Sie werden deshalb heute nicht mehr gebraucht.

September

Die zauberischen Kräfte des Holunders sind im Volksglauben so stark wie bei kaum einer anderen Pflanze: Ein Busch auf dem Grundstück soll schon vor Blitzschlag schützen, vor Hexen und anderem Unheil. Das bewirkt Frau Holle, die gute Fee, die im Holunder wohnt. Einen Holunderstrauch umzuschlagen, galt als grober Frevel und Unglück bringend. Holunder konnte angeblich Krankheiten wie die Gicht wegnehmen, wenn man an drei Tagen nacheinander vor Sonnenaufgang zu einem solchen Busch ging und allerlei Zaubersprüche aufsagte. Man konnte mit seiner Hilfe Diebe finden, und ein Zweig unter dem Kopfkissen zur Sommersonnenwende ließ jungen Mädchen im Traum ihren Zukünftigen erscheinen. Schon bei den Germanen gehörte der Holunder zu den heiligen Bäumen, und von Christi Kreuz heißt es, dass es aus Holunderholz gefertigt war. Deshalb war es lange üblich, auf Gräbern Holunderbüsche zu pflanzen.

17.

Hildegard von Bingen, Robert, Bellarmin

**Wenn der September noch donnern kann,
setzen die Bäume viel' Blüten an.**

18.

Lambert, Richardis

**Lamberti nimm Kartoffeln raus, doch breite
ihr Kraut auf dem Felde aus; der Boden will für
seine Gaben, doch ihr Gerippe haben.**

19.

Albert von Jerusalem, Igor, Januarius

Bleiben die Schwalben lange, sei vor dem Winter nicht bange.

20.

Fausta, Warin, Eustachius

Nach Septembergewittern wird man im Hornung vor Kälte zittern.

Der heilige Eustachius, den heute niemand mehr kennt, gehört seit dem Mittelalter zu den 14 Nothelfern. Gemeinsam mit dem heiligen Hubertus (3.11.) ist er der Patron der Jäger. Der Heilige soll der Legende nach ein römischer Heerführer gewesen sein, dem auf der Jagd Christus als Hirsch mit einem funkelnden Kruzifix zwischen dem Gehörn erschienen ist. Dieser forderte ihn auf, sich taufen zu lassen und die schweren Prüfungen zu bestehen, die ihm auferlegt seien. So geschah es: Der getaufte Eustachius verlor sein Vieh durch Rinderseuchen, seine Dienstboten durch ein Fieber, sein Getreide durch Hagelunwetter, sein Haus durch Brandschatzung. Frau und Kinder wurden ihm geraubt. Erst nach langer Zeit fand sich die Familie durch Zufall wieder, starb aber gemeinsam den Märtyrertod unter dem römischen Kaiser Hadrian. So wurde Eustachius zum Nothelfer bei traurigen Familienschicksalen und anderen verzweifelten oder ausweglosen Situationen. Neben den Jägern haben ihn auch die Förster zum Patron gewählt.

21.

Matthäus, Jonas, Deborah

*** Wie's der Mathis treibt, es vier Wochen bleibt.**

Ist es am Matthäus-Tag statistisch zu warm, so wird sich das gute Wetter mit 80-prozentiger Wahrscheinlichkeit in den nächsten vier Wochen halten. Regnet es an diesem Tag aber besonders stark, dann regnet es mit sehr großer Wahrscheinlichkeit auch in den nächsten Wochen.
„Ein warmer Matthies macht die Trauben süß." Für die Winzer ist auch der September noch wichtig zum Gedeihen der Trauben, während die Bauern ihre Ernte schon eingefahren haben. Gegen Ende September soll die Saat beendet sein. Matthäus und Michael (29.9.) sind die wichtigsten Lostage dafür: „Tritt Matthäus ein, soll die Saat vollendet sein", und: „Vor Michel sä mit halber Hand – dann aber streu mit ganzer Hand."

September

Die Matthäusnacht war früher eine der ersten unheimlichen Losnächte, in denen man auch in die Zukunft sehen konnte – die wichtigsten waren ja die Andreasnacht (30.11.) und die Thomasnacht (21.12.). Junge Mädchen flochten in manchen Gegenden Kränze aus grünen Zweigen und andere aus Stroh, ließen diese dann in der Matthäusnacht in einem Bottich mit Wasser schwimmen und tanzten zu zweit dreimal darum herum. Danach mussten sie schnell nach den Kränzen greifen. Wer den grünen erwischte, konnte auf baldige Hochzeit hoffen. Der Strohkranz dagegen bedeutete Unglück.
Von den in der Matthäusnacht um die Geisterstunde Geborenen ging die Sage, sie müssten in bestimmten Nächten auf dem Friedhof die Geister tragen. Dafür wüssten sie immer im Voraus, wer als Nächster sterben werde. Anderswo galten diese Kinder als Glückskinder. Auf jeden Fall, so scheint es, waren die an Matthäus Geborenen etwas ganz Besonderes.

22.

Mauritius, Moritz, Emmeram

Zeigt sich klar Mauritius, viele Stürm er bringen muss.

23.

Linus, Thekla

Der September entspricht dem März
wie der Juni dem Dezember.

24.

Rupert von Salzburg, Virgil, Gerhard, Mercedes

Wie im September tritt der Neumond ein,
so wird das Wetter den Herbst durch sein.

Höchste Zeit war es früher, Ende September die reifen Vogelbeeren zu sammeln. Dass die meisten Menschen heute glauben, die leuchtend roten Fruchtdolden der Eberesche seien giftig, zeigt, dass das Wissen unserer Großmütter immer mehr in Vergessenheit gerät – ein Wissen, das unsere Vorfahren aus wirklich uralten Zeiten bewahrt haben. Die Eberesche gehörte bei den Kelten zu den Zauberbäumen, die an Orakelstätten gepflanzt wurden. Sie symbolisierte die wiedererwachte Natur im Frühjahr, die Überwindung der dunklen Wintermächte. Damals hieß sie Quickbeere nach dem altgermanischen Wort „quick", das lebendig, lebhaft bedeutet – eben quicklebendig. Erst mit der Christianisierung wurde sie als „falsche Esche", als Aberesche, bezeichnet, so wie Aberglaube den falschen Glauben meint. Mit einem Ebereschenzweig wurde das Jungvieh im Frühjahr auf die Weide getrieben, um die Kraft des Frühlings so auf die Tiere zu übertragen. Mit der Christianisierung wurde dieser heidnische Kultbaum mit seinen Früchten, aus denen Mus, Essig und allerlei Heilmittel hergestellt wurden, kurzerhand für giftig erklärt. Nach einer Sage aus christlicher Zeit soll die Vogelbeere aus den Gebeinen des Verräters Judas Ischariot hervorgewachsen sein.
Zum Glück hat sich das Wissen um die Heilkraft der Beeren bis heute erhalten: Der frische Saft wirkt abführend und entschlackend, der Tee aus getrockneten oder frischen Beeren hilft bei Heiserkeit, Magenverstimmung und lymphatischen Beschwerden, eine Abkochung oder der Genuss von zwei bis drei frischen Beeren ebenfalls gegen Heiserkeit, Halsweh und Rachenentzündung. Vogelbeeren, die übrigens mehr Vitamin C als Zitrusfrüchte enthalten, kann man frisch oder getrocknet auch als angenehm herbe Beigabe zu Fleischgerichten, in Saucen oder eingelegt süß-sauer etwa mit Kürbis genießen. Unübertroffen sind Vogelbeerlikör und Vogelbeerschnaps, die in vielen ländlichen Hausbrennereien zunehmend wieder hergestellt werden.

25.

Nikolaus von Flüe, Kleophas

Nebelt's an Sankt Kleophas, wird der ganze Winter nass.

26.

Kosmas, Damian

Sankt Cosmas und Sankt Damian fängt das Laub zu färben an.

27.

Vinzenz von Paul

**Sitzen die Birnen fest am Stiel,
bringt der Winter an Kälte viel.**

28.

Wenzel, Lioba Eberhard von Tuntenhausen, Thiemo von Salzburg

**So viele Fröste vor St. Wenzeslaus fallen, so viele
werden nach Philippi (3. Mai) und Jakobi (25. Juli) folgen.**

29.

Michael, Gabriel, Raphael

**Zieh'n die Vögel nicht vor Michaeli furt,
wird's nicht Winter vor Christi Geburt.**

Der Gedenktag des heiligen Michael ist von alters her ein wichtiger Lostag, nicht nur für das Wetter. „An Michaeli" wird vielerorts im alpenländischen Raum auch das Vieh abgetrieben, das den Sommer auf der Alm verbracht hat. Je nach Größe der Herde ging der Bauer mit seinen größeren Kindern und früher den Dienstboten auf die Alm, wo die Sennerin schon wartete. Sie hatte alles gerichtet: den Schmuck für das Vieh, der oft in wochenlanger, mühevoller Arbeit gefertigt ist, sie hatte alles zusammengepackt und das Herdfeuer gelöscht. Nun wurde „aufkranzt": Das Vieh wurde geschmückt, aber nur, wenn über den Sommer kein tödlicher Unfall bei Mensch und Tier auf der Alm passiert war. Tiegel und Töpfe, Bettzeug und Besen, alles wurde auf einen kleinen Handkarren

verladen und dann zog man hinunter ins Tal, wo schon die Bäuerin mit frischen Schmalznudeln auf die glücklich Heimgekehrten wartete.
Vom Michaelitag an musste man mit dem Winter rechnen: „Michel steckt die Lichter an, die Magd fängt jetzt zu spinnen an." Außerdem war Michaeli – wie sechs Wochen später der Martinstag – ein Zahltag, an dem Saisonarbeitskräfte entlassen und ausbezahlt wurden, an dem Pacht und Abgaben fällig waren. Rechnungen schrieb man ebenfalls an diesem Tag: „Michel mahnt, Martin zahlt."

30.

Hieronymus, Urs und Victor, Sophia von Mailand

Im September viel Schleh', im Winter viel Schnee.

Erst nach den ersten Frösten sollten die Schlehenfrüchte geerntet werden, denn dann verlieren sie das Herbe, Bittere und lassen sich hervorragend zu Marmelade, Likör oder Schlehenmus verarbeiten. Wie es bei vielen anderen einheimischen Büschen der Fall ist, etwa beim Holunder, so hat man früher auch den Schlehenstrauch in fast allen seinen Teilen genutzt. Neben den Früchten, die im Übrigen sehr gesund sind, den Appetit anregen und Verdauungsprobleme beseitigen, nutzte man die Blüten als leicht abführenden Tee getrunken und als herzstärkendes Mittel und die grünen Blätter ergaben einen Schwarztee Ersatz, der zudem blutreinigend wirken sollte.
Aber auch sympathetische und zauberische Funktionen erfüllte der Strauch: Ein Stück Holz vom Schlehdorn, am Karfreitag vor Sonnenaufgang von einem nach Osten geneigten Schlehenstrauch unter Aufsagen einer Gebetsformel gewonnen, half an einer Schnur um den Hals angeblich gegen Vereiterungen durch Holzsplitter in der Haut. Dreimal drei Stängel von Schlehenblüten halfen gegen Fieber und Gicht und eine Schlehe an die linke Brust gebunden, wirkte gegen Gelbsucht. Wohl wegen ihrer Dornen galten Schlehenzweige auch als Hexenabwehrmittel. Man hängte sie in der Walpurgisnacht vors Fenster und legte sie in den Raunächten in die Räucherpfanne, zusammen mit unter anderem Wacholder und Raute.

Oktober

Ein alter deutscher Name für den Oktober ist Weinmonat – die Weinlese ist in manchen Gegenden noch in vollem Gange, anderswo ist der erste Wein schon gekeltert. Der Name „Gilbhart“ für den Oktober nimmt auf das bunt gefärbte Laub der Bäume Bezug. Eine Wetterregel besagt denn auch: „Gilbhart, der fröhliche Wandersmann, pinselt Wald, Weide und Hecke an.“
Was wir schon im September gehört haben, dem neunten Monat des römischen Kalenders, gilt auch für den Oktober. Bei den Römern war dieser Monat der achte im Jahr, das am 1. März begonnen hatte. Sie verhalfen unserem Oktober auch zu seinem Namen mit dem lateinischen Wort „octo“ = acht.
So schön der sprichwörtliche „goldene Oktober“ auch sein kann – manchmal klopft auch schon der Winter an. Wir müssen mit ersten Frösten und Schneeschauern rechnen. Doch früher Schnee schon im Oktober weist nach vielen bewährten Wetterregeln auf einen insgesamt eher milden

Verlauf des Winters hin: „Oktober kalt – Januar warm", „Bringt der Oktober schon Schnee und Eis, ist's schwerlich im Januar kalt und weiß", „Schneit's im Oktober gleich, dann wird der Winter weich." Wenn sich das Wetter um den 18. Oktober herum eher trocken und warm präsentiert, ist dagegen mit einem kalten Januar zu rechnen. Ein windiger und nasser Oktober mit Gewittern deutet auf eine eher wechselhafte erste Winterhälfte hin.

Am ersten Oktobersonntag wird das Erntedankfest gefeiert – ein kirchliches Fest, an dem sich alle Gläubigen in Andacht um den mit den reichen Gaben der Natur geschmückten Erntedankaltar versammeln und Gott für ein fruchtbares Jahr danken. Mancherorts trägt man in einer prachtvollen Erntedankprozession auch eine Erntekrone mit, die aus verschiedenen Getreidesorten gebunden und mit Blumen und Früchten verziert ist. Den Mittelpunkt des Erntealtars bildet noch heute das Brot. Auf dem Land, wo mit viel Mühe das Getreide gesät, geerntet, gedroschen, gemahlen und im eigenen Backofen zu Brot gebacken wurde, brachte man dem Brot höchste Achtung entgegen. Vor dem Anschneiden wurde jeder Laib mit dem Messer bekreuzigt. Undenkbar war es, Brot wegzuwerfen. Hart gewordenes Brot wurde in Suppe oder Milch eingebrockt und selbst Brotkrümel wurden verwertet. Und so war es selbstverstänlich, dass die verzierten Brotlaibe einen Ehrenplatz auf dem Erntedankaltar bekamen.

Richtig ausgelassen feierten die Bauern und früher auch die Stadtleute aber am dritten Oktoberwochenende. Da ist nämlich Kirchweih – ein mehr weltliches als kirchliches Fest, bei dem ebenfalls die reiche Ernte und ein gutes Bauernjahr gefeiert werden. Aber hier geht es ausgelassen zu, es wird gegessen, getrunken und getanzt, bis viele nicht mehr dazu in der Lage sind. Und zwar nicht nur einen Tag, sondern gleich mehrere. Weil früher jedes Dorf seinen Kirchweihtag, also den Tag, an dem der Kirchenpatron seinen Gedenktag hatte, mit Volksfesten, Jahrmärkten und üppigem Essen und Trinken feierte, wurde eigentlich immer irgendwo in der Nähe ein Patroziniumsfest gefeiert. Das war der Obrigkeit schließlich zu viel, sodass ein einziges offizielles Kirchweihfest am dritten Oktobersonntag angeordnet wurde.

Oktober

1.

Theresa von Lisieux, Remigius

Regen an Sankt Remigius bringt den ganzen Monat Verdruss.

2.

Leodegar (auch: 3.10.), Ludger

Laubfall an Sankt Leodegar kündigt an ein fruchtbar Jahr.

Schutzengelfest

3.

Ewald, Gerhard von Brogne, (Leodegar)

Wenn der Oktober nicht hilft, ist dem Winzer nicht zu helfen.

Am ersten Oktobersonntag feiert die Kirche das Erntedankfest, früher hieß es: „Am Sonntag nach Michaeli", was meist auf den gleichen Tag hinausläuft. Bezeichnend ist der volkstümliche Termin aber doch – hat doch in frühchristlicher Zeit der Erzengel Michael, der die Mächte der Finsternis überwand, der „Kämpfer Gottes", der Seelenführer, bei den germanischen Stämmen den heidnischen Seelenführer Wotan abgelöst. Und viele mit Wotan verbundenen Bräuche haben sich in christlicher Zeit auf Michael übertragen. So haben die Germanen auch zum Ernteabschluss im Herbst ihre Gerichtstage, Thinge genannt, abgehalten, die bei uns durch die Herbstmärkte und Michaelimärkte abgelöst wurden. Ebenso wie die Christen ließen die Germanen auf den abgeernteten Feldern jeweils eine Garbe stehen – die Germanen wollten durch Opfergaben die Seelen der toten Sippengenossen für die künftige Ernte günstig stimmen. Bei den Christen war die letzte Garbe entweder für einen alten Korngeist oder für die „Armen Seelen" bestimmt. Eine andere Erinnerung an die germanischen Speiseopfer zum Ernteabschluss sind die früheren Michaelibrote, an die heute noch unsere „Kuchenmichel" erinnern, süße Aufläufe mit Brot und Früchten.

4.

Franz von Assisi

Warmer Oktober bringt fürwahr einen kalten Februar.

5.

Attila, Meinolf, Flavia

*** Schneit es im Oktober gleich, dann wird der Winter weich.**

Die Wetterbeobachtungen der Meteorologen bestätigen diese alte Bauernregel zumindest für den Nordosten Deutschlands. Schneit es dort tatsächlich schon im Oktober, so ist mit hoher Wahrscheinlichkeit der Schneefall im Januar unterdurchschnittlich. Und mit sehr hoher Wahrscheinlichkeit wird der Winter dann überdurchschnittlich mild ausfallen.

6.

Bruno von Köln, Adalbero, Renatus

Oktoberwetter warm und hell,
bringt kalten Wind und Winter schnell.

7.

Rosa, Justina

Im Oktober räum den Garten;
denn willst du warten, so kommt
die Kälte und nimmt die Hälfte.

Rosenkranzfest

Der „Gedenktag Unserer Lieben Frau vom Rosenkranz“ ist besonders in den katholischen Gebieten Süddeutschlands älteren Leuten bis heute ein Begriff. An diesem Tag trifft man sich zum festlichen gemeinsamen Rosenkranzbeten in der Kirche. Woher das Fest kommt, wissen allerdings die Wenigsten. Ende des 16. Jahrhunderts erfreute sich der Rosenkranz im Zuge der Gegenreformation und der erstarkten Marienverehrung in den katholischen Gebieten großer Beliebtheit, er wurde von der kirchlichen Obrigkeit auch gefördert. Zum Abzählen der 150 Ave-Maria und 15 Vaterunser brauchte man eine Kette mit größeren und kleineren Perlen. Und in vielen Kirchen wurde ein Rosenkranzaltar errichtet. Den früheren Feiertag am 7. Oktober verdanken wir aber dem Sieg der vereinigten christlichen Kriegsflotten gegen die Türken. In der berühmten Seeschlacht von Lepanto habe laut Papst Pius V. das Christentum über die Heiden gesiegt. Und sein Nachfolger Gregor XIII. führte das Rosenkranzfest als Feiertag am 7. Oktober ein, als „Fest der Jungfrau Maria vom Sieg". Der bayerische Kurfürst Maximilian I. schrieb im 17. Jahrhundert allen seinen Untertanen den Besitz eines Rosenkranzes vor.

8.

Simeon, Demetrius

Hält der Oktober das Laub, wirbelt an Weihnachten Staub.

9.

Günther von Thüringen, Dionysius, Abraham, Sara

Regnet's an Sankt Dionys, wird der Winter nass gewiss.

Der heilige Dionysius wurde als missionierender Bischof in Gallien enthauptet. Nach der Enthauptung stand er – der Legende nach – auf, nahm sein Haupt unter den Arm und ging bis zu der Stelle, an der er begraben sein wollte. Dionysius ist einer der berühmten 14 Nothelfer, die in täglichen Notlagen um Fürbitte bei Gott angerufen wurden. Schon im frühesten Mittelalter wurden diejenigen Heiligen um Beistand gebeten, die – nach ihrer Legende – um die Gnade der Fürbitte gebeten hatten und denen die Verheißung zuteil wurde, dass sie bei Anrufung hilfreich vermitteln dürften zwischen Gott und den Menschen. Seit dem 13./14. Jahrhundert, als die Pest in Europa wütete, gewann die Heiligenverehrung stark an Bedeutung. Damals hat man den einzelnen Heiligen Aufgabenbereiche zugewiesen, für die sie nach ihrer Legende besonders „zuständig" schienen. Durch eine Vision wurde der Kult um die 14 Nothelfer dann unglaublich populär: Der Schäfer des Klosters Langheim in Oberfranken will 1445 und 1446 14 Gestalten gesehen haben, die sich ihm als 14 Nothelfer zu erkennen gaben und die Errichtung einer Kapelle am Ort ihrer Erscheinung forderten. Erst 1774 wurde dort dann die berühmte Wallfahrtskirche Vierzehnheiligen errichtet.

In der Regel gelten als die vierzehn Nothelfer:
- Achatius (20.6.), angerufen gegen Todesangst und Zweifel
- Ägidius (1.9.), angerufen zur Ablegung einer guten Beichte
- Barbara (4.12.), Patronin der Sterbenden
- Blasius (3.2.), angerufen gegen Halsleiden
- Christophorus (24.7.), angerufen gegen unvorbereiteten Tod
- Cyriacus (8.8.), angerufen gegen Anfechtung in der Todesstunde
- Dionysius (9.10.), angerufen gegen Kopfschmerzen
- Erasmus (2.6.), angerufen gegen Leibschmerzen
- Eustachius (20.9.), angerufen in allen schwierigen Lebenslagen
- Georg (23.4.), angerufen gegen Seuchen der Haustiere
- Katharina (25.11.), angerufen gegen Leiden der Zunge und schwere Sprache
- Margareta (20.7.), angerufen um Hilfe bei der Geburt
- Pantaleon (27.7.), Patron der Ärzte
- Vitus (Veit) (15.6.), angerufen gegen Epilepsie und Krämpfe

Mancherorts kommt noch ein Heiliger dazu, zum Beispiel Leonhard, Magnus oder Rochus, und oft werden die Nothelfer zusammen mit der Muttergottes dargestellt, der Fürbitterin bei allen Sorgen und Nöten.

10.

Gereon, Cassius und Florentius, Viktor von Xanten

Bringt Oktober Frost und Wind, wird der Januar gelind.

Oktober

11.

Bruno von Köln, Ethelburg

**Nichts kann mehr vor Raupen schützen,
als im Oktober Eis auf Pfützen.**

12.

Maximilian, Edwin, Herlinde

**Graben sich im Oktober die Mäus' tief in die Erden,
wird's ein strenger Winter werden;
aber viel strenger noch, bauen die Ameisen hoch.**

13.

Eduard, Koloman, Simbert

**Fällt im Wald das Laub sehr schnell,
ist der Winter früh zur Stell'.**

„Lieber heiliger Koloman, schick mir einen braven Mann", baten die jungen Mädchen an diesem Tag. Als Orakeltag galt er, ähnlich wie Andreas-, Thomas- und Matthäustag, bei unverheirateten Mädchen: Sie versuchten am Tag des heiligen Koloman etwas über ihren zukünftigen Mann zu erfahren. Besonders im Salzburgischen und im südöstlichen Bayern wird der Heilige verehrt.
Koloman war ein irischer Pilger, der 1012 auf dem Weg nach Jerusalem im österreichischen Stockerau von den Bauern als Verräter an einem Baum aufgehängt wurde. Der Legende nach hing der Leichnam eineinhalb Jahre unversehrt am Baum. Nach einigen Wundern – so hat der verdorrte Holunderstrauch, an dem er hing, angefangen zu grünen – wurde Koloman als Heiliger in der nahegelegenen Kirche bestattet. Als dann im Jahr darauf ein Donauhochwasser die Kirche umspülte, ist das Wasser „durch sonderliche Schickung Gottes nicht hineingeronnen". In diesem Jahr wurden seine Gebeine feierlich ins Kloster Melk an der Donau überführt. Seitdem gilt er als Landesheiliger Österreichs und wird dort und in Bayern als Volksheiliger verehrt.

14.

Kallistus, Burkhard

Sankt Burkhard Sonnenschein schüttet Zucker in den Wein.

15.

Theresia von Avila, Aurelia

Zu Theres' ist die Weinles'.

16.

Hedwig von Andechs (von Schlesien), Gallus

Gießt Sankt Gallus wie ein Fass, wird der nächste Sommer nass. Ist er trocken, folgt vom Sommer noch ein Brocken.

Eine andere Bauernregel besagt: „St. Gallen lässt den Schnee fallen, treibt die Kuh in den Stall und den Apfel in den Sack." Der heilige Gallus als Gründer des berühmten Klosters St. Gallen in der Schweiz hat durch seine Legende keinerlei Zusammenhang mit dem bäuerlichen Leben. Allein das Datum seines Gedenktages ließ einige Wetterregeln mit seinem Namen entstehen. Einzig ein Patronat bringt ihn in Zusammenhang mit den Tieren auf dem Bauernhof: Er gilt als Schutzherr der Hühner und Gänse – wegen der volkstümlichen Vorliebe für die direkte Ableitung von himmlischen Zuständigkeiten: „Gallus" ist das lateinische Wort für Hahn, und so ist der Heilige zu seinem Patronat fürs Federvieh gekommen.

17.

Ignatius von Antiochien, Anselm von Wien

Im Oktober der Nebel viel, bringt im Winter der Flocken Spiel.

Oktober

18.

Lukas, Gwendolin, Gwen

Wer an Lukas Roggen streut, es im Jahr drauf nicht bereut.

19.

Paul vom Kreuz, Laura von Córdoba

**Bringt der Oktober noch Gewitter,
wird der Winter meist ein Zwitter.**

20.

Wendelin, Vitalis

*** Ist der Oktober freundlich und mild,
ist der März dafür rau und wild.**

Die Auswertungen von Wetteraufzeichnungen der letzten hundert Jahre haben tatsächlich einen gewissen Zusammenhang zwischen dem Wetter im Oktober und März ergeben. So ist nach einem zu nassen Oktober ein zu trockener März wahrscheinlicher als ein regenreicher.

21.

Ursula, Irmtraud zu Köln

**Ursula bringt's Kraut herein,
sonst schneien Simon und Judas (28. Oktober) drein.**

„St. Ursulas Beginn zeigt auf den Winter hin.“ Am Namenstag der heiligen Ursula ist es also höchste Zeit, die letzten Feldfrüchte hereinzubringen und mit dem Beginn des Winters zu rechnen. Die Heilige war über Jahrhunderte besonders im süddeutschen Raum außerordentlich populär. Ihre schillernde Legende besagt, dass Ursula, Tochter des bretonischen Königs, an die Werbung eines Verehrers die Forderung knüpfte, er müsse sich zum Christenglauben bekehren, während sie mit 11000

Jungfrauen nach Rom pilgere. Als sie nun auf ihrem Schiff mit den Jungfrauen auf dem Rhein nach Köln kam, wurden sie von mordlüsternen Hunnen allesamt umgebracht. Auch der Orden der Ursulinen, als Schul- und Missionsschwestern, hat ihren Namen hochgehalten.

22.

Cordula, Salome

Wenn Buchenfrüchte geraten wohl,
Nuss- und Eichbäume hängen voll:
so folgt ein harter Winter drauf und fällt der Schnee zuhauf.

Die Menge der Nüsse, die es in einem Jahr gibt, soll nicht nur das kommende Wetter anzeigen. In einigen Regionen war man früher auch davon überzeugt, dass in einem „guten Nussjahr" mehr Buben geboren werden. Ausschlaggebend dafür war wohl die Form der Nüsse, die zu erotischen Vergleichen anregte. Besonders weit verbreitet ist aber der Glaube, dass der Walnussbaum ein ausgesprochener Hexenbaum ist, in dem böse Wesen hausen. Im Schatten eines Walnussbaumes wachsen angeblich dadurch keine anderen Pflanzen. Im Schweizer Emmental glaubte man, dass, wer sich unter einen Walnussbaum legt, noch im selben Jahr sterben werde, und im Aargau, dass unter dem Baum Tote wohnen.

23.

Johannes Kapistran, Severin von Köln

Wenn's Sankt Severin gefällt, bringt er mit die erste Kält.

24.

Antonius Maria Claret y Clará

Kommt die Feldmaus in das Dorf,
so kümmre dich um Holz und Torf.

Oktober

25.

Krispin, Daria

Mit Krispin sind alle Fliegen hin.

Wenn die lästigen Fliegen, Begleiter des Sommers, endlich von der herbstlichen Kühle vertrieben sind, werden winzige Spinnen besonders aktiv, deren hauchfeine Fäden durch die Luft fliegen. Als Altweibersommer bezeichnen wir sie heute, und weil sie im goldenen Licht der niedrig stehenden Sonne besonders gut zu sehen sind, heißen die warmen Herbsttage ebenso. Früher glaubte man, die heilige Maria ziehe mit elftausend Jungfrauen durch das Land und überspinne alles mit Seide. Andernorts glaubte man Frau Holle dafür verantwortlich, die den Fleiß ihrer Spinnerinnen prüfen wolle. Seit jeher galten die silbrigen Fäden aber als glückbringend, ganz besonders, wenn sie sich zufällig auf die Kleidung legten.

26.

Wigand, Witta

Hat der Has' ein dichtes Fell,
so kümmre dich um Brennholz schnell.

27.

Wolfhard

Zu Ende Oktober Regen, bringt ein fruchtbar Jahr zuwegen.

28.

Simon und Judas, Alfred

Wenn Simon und Juda vorbei, rückt der Winter herbei.
Es sitzen dann die heil'gen Herrn, an dem warmen Ofen gern.

29.

Narziss, Ermilindis Ferrutius, Berengar

*** Ist der Oktober warm und fein,
kommt ein strenger Winter drein.**

Ist der Oktober um mindestens eineinhalb Grad zu warm, dann ist tatsächlich mit einem kalten Januar und Februar zu rechnen. Experten erklären dieses Phänomen folgendermaßen: Ein trockener und warmer Oktober setzt vorherrschend hohen Luftdruck voraus. Dieses Hochdruckwetter wird von Strömungsverhältnissen in fünf bis zehn Kilometern Höhe gesteuert. Unter bestimmten Voraussetzungen kann es im Januar zu der gleichen Strömungsanordnung kommen. Das Hochdruckgebiet bringt dann im Winter allerdings strenge Kälte.

30.

Emicho, Theonestos

Oktober kalt, tötet's Ungeziefer bald.

31.

Wolfgang von Regensburg

**Sankt-Wolfgang-Regen
verspricht ein Jahr voller Segen.**

Der heilige Wolfgang war mit seinem Attribut, dem Beil, Patron für einen guten Tod. Der Bischof von Regensburg soll nämlich eigenhändig seine Klause am österreichischen Abersee gezimmert haben, an der Stelle, an der heute die Kirche von St. Wolfgang steht. Man betete zu ihm um Abwendung aller Todesgefahren und um eine gute Sterbestunde. Aber auch mit der Bitte um Abwehr von Schlangenbiss, Zauberei und von Angriffen durch Gespenster und Teufel wandte man sich an ihn. Im „Wettersegen" wurde er gegen Blitz, Donner und Hagelschlag angerufen und schon sehr früh entwickelte er sich auch zum Viehpatron – in enger zeitlicher Konkurrenz zum heiligen Leonhard (6.11.).

November

Der November, unser elfter Monat des Jahres, war im alten römischen Jahr der neunte Monat. Daher hat er seinen Namen – von lateinisch novum = neun. Die alten deutschen Bezeichnungen „Nebelung“ und „Nebelmond“ geben bereits Auskunft über das Novemberwetter. Vor allem in Flussniederungen dringt die Sonne oft tagelang nicht durch die dichten Nebelschwaden. Das Wetter im November zeigt aber auch an, wie der Winter wird. Als ziemlich sichere Regel gilt: Ist das erste Monatsdrittel frostig, wird der Januar eher nass. Eine milde Monatsmitte deutet auf Frost von Weihnachten bis Neujahr. Ist der ganze November sonnig und klar, dann wird der Januar bewölkt und mild.

Die ersten Tage des Novembers sind seit vorchristlichen Zeiten dem Totengedenken gewidmet. Auf den 1. November hat die Kirche das Fest Allerheiligen gelegt, als Gedenktag für die christlichen Märtyrer. Allerseelen am 2. November schließt in das Totengedenken dann auch die Verstorbenen aus dem Verwandten- und Bekanntenkreis ein. Für diese Tage werden die Gräber liebevoll mit Herbstblumen oder Trockenblumengestecken geschmückt. Dazu kommt eine Kerze in einer Laterne oder einem roten Glasbehälter als „Ewiges Licht". Neben diesen christlichen Riten halten sich aber seit heidnischen Zeiten abergläubische Vorstellungen, beispielsweise von der „Freinacht" für die Seelen. In dieser Nacht von Allerheiligen auf Allerseelen kehren die Armen Seelen der Verstorbenen an den Ort ihres irdischen Wirkens zurück und bedienen sich an den bereitgestellten Speisen und Getränken.

Im November endet traditionell das bäuerliche Jahr. Am Tag des heiligen Martin, dem 11. November, werden die Tiere ein letztes Mal auf die Weide getrieben. In manchen Gegenden übergibt der Hirte am Abend des Tages dem Bauern eine grüne Gerte, von der Birke oder der Esche gebrochen, die dann geschmückt über den Winter aufbewahrt wird und mit der im Frühjahr die Tiere erstmals ins Freie getrieben werden. Die Gerte trägt symbolisch die Fruchtbarkeit über den Winter. Der Martinstag war früher auch Zahl- und Abgabetag. Mit den an diesem Tag scheidenden Saisonarbeitskräften traf man sich zum letzten Festmahl, bei dem oft ein frisch geschlachtetes Federvieh auf den Tisch kam.

Damit begann auch die Zeit des Hausschlachtens: Alles Vieh, das nicht über den Winter gefüttert werden sollte, wurde jetzt, nach Ende der Weidezeit, geschlachtet. Das Fleisch hat man entweder verkauft oder für den Vorrat konserviert. Da wurde gewurstet und geräuchert, eingelegt und eingeweckt. Mit dem Ende der Arbeit draußen auf den Feldern, im Garten und im Obstgarten, wenn alle Früchte eingemacht, eingelegt und eingeweckt waren, und wenn am 25. November Kathrein und damit öffentliche Tanzveranstaltungen und andere Vergnügungen vorbei waren, begannen die Frauen mit einer ihrer wichtigsten Winterarbeiten: dem Spinnen. Wenn es am Nachmittag schon dunkel wurde, trafen sich die Frauen mit ihren Spinnrädern reihum jeweils in einem Haus. Gemeinsam war das Spinnen unterhaltsamer und außerdem sparte man so an Beleuchtung. Es gab dabei feste Regeln, wer wie lange spinnen musste, wie viel die Mägde für die Bäuerin und wie viel sie für sich selber spinnen durften. Und es gab feste Tage, wie etwa das Wochenende, die vom Spinnen ausgenommen waren. War der Rocken endlich leer gesponnen, kamen die jungen Burschen dazu und es wurde musiziert, gesungen und getanzt bis weit in die Nacht.

November

1.

Luitpold, Arthur

**Ist an Allerheiligen der Buchenspan trocken,
wir gern im Winter hinterm Ofen hocken;
ist der Span aber nass und nicht leicht,
so wird der Winter statt trocken recht feucht.**

Allerheiligen

Dieser Tag wird seit dem 4. Jahrhundert als Gedenktag für die christlichen Märtyrer begangen. Heute trifft sich die ganze Großfamilie an diesem Tag, um gemeinsam am herbstlich geschmückten Familiengrab der toten Angehörigen zu gedenken. Als Symbol für das Ewige Licht stellen die Gläubigen Kerzen in roten Glasbehältern oder in kleinen Laternen auf die Gräber. Von weit her kommen die Familienmitglieder an diesem Tag angereist. Nach dem Gräberbesuch versammelt man sich zur fröhlichen Kaffeetafel – hat man sich doch schon lange nicht mehr gesehen.

2.

Angela, Willibold

**Um Allerseelen kalt und klar,
macht auf Weihnacht alles starr.**

Allerseelen

Im Jahr 998 wurde der Allerseelentag als Gedenktag für die Verstorbenen der Familie und des Bekanntenkreises eingeführt – zusätzlich zum Allerheiligentag, an dem man der Märtyrer gedachte. Heute hat der Allerheiligentag – weil er als offizieller Feiertag übrig geblieben ist – beide Funktionen übernommen.

Früher bekamen an Allerseelen die Patenkinder einen süßen Allerseelenzopf aus Hefeteig mit vielen Rosinen. Mancherorts hieß er auch Godelwecken, Seelenspitz oder Seelenstriezel, oft gab es auch kleinere Seelenweckerl. Die üppigen wurden nur für die Patenkinder gebacken, die einfachen Seelenzöpfe verteilte man vor allem an die Armen. Jedes Vergeltsgott für diese Spende erlöste nach altem Glauben eine Seele aus dem Fegefeuer, so wie jedes verzehrte Seelenweckerl eine Arme Seele befreite. In manchen Gegenden wurden die Seelenwecken auch aufs Grab gelegt, für die noch nicht erlösten Toten, die in der Nacht von Allerheiligen auf Allerseelen aus dem Fegefeuer auf die Erde zurückkehrten

und sich an den Broten labten. Oft wurden auch Seelenbrezen – eine alte Fastenspeise – an die schmiedeeisernen Grabkreuze gehängt, und zusätzlich Wein, manchmal auch ein Bohnengericht im „Seelnapf", für die Armen Seelen bereitgestellt.
Auch durch allerlei andere Vorsichtsmaßnahmen versuchte man den umherwandernden Armen Seelen zu helfen: So durfte keine Tür fest zugeschlagen werden, damit man keine Arme Seele zerquetscht. Kein Messer darf auf dem Rücken und kein Rechen mit den Zinken nach oben liegen, damit sich nicht eine Arme Seele daran verletzt.

3.

Hubert, Rupert Mayer

November tritt oft hart herein, muss nicht viel dahinter sein.

Der heilige Hubertus gilt als Schutzherr der Jagd und der Jäger. Außerdem wurde er traditionell um Beistand bei Wolfs- und Hundebissen angerufen. Der Legende nach hatte der Bischof von Maastricht und Lüttich an einem heiligen Feiertag gejagt und war durch das Erscheinen eines weißen Hirschen mit einem goldenen Kreuz im Geweih zur reumütigen Umkehr geführt worden.
Durch die Erhebung zum Schutzpatron im 14. Jahrhundert wollte die Kirche auch die Jagdleidenschaft von Adel und Kirchenfürsten eindämmen. Der Hubertus-Kult breitete sich seit dem 10. Jahrhundert vom Kloster St. Hubert in den Ardennen in ganz Frankreich und bis nach Deutschland aus. Bis vor etwa hundert Jahren gehörte er etwa in der Eifel, in der Kölner Gegend und in Westfalen zu einem der volkstümlichsten Heiligen.

4.

Karl Borromäus

**Wenn's an Karolus stürmt und schneit,
dann lege deinen Pelz bereit.**

November

5.

Emmerich, Berthild

*** Friert im November zeitig das Wasser,
wird's im Januar um so nasser.**

Wetterbeobachtungen bestätigen auch diese Regel. Gibt es Anfang November, in der Zeit zwischen 1. und 10. November, überdurchschnittlich viele Tage mit Nachtfrost, dann liegt auch die Zahl der Regentage im Januar über dem Durchschnitt.

6.

Leonhard, Modesta

**Nach der vielen Arbeit Schwere,
an Leonhard die Rösser ehre.**

Der heilige Leonhard war als Patron des Viehs und der Viehzucht, im besonderen der Pferde, im gesamten süddeutschen Raum, vor allem aber in Oberbayern, einer der meistverehrten Heiligen. Ursprünglich wurde er als Patron der Gefangenen verehrt: Als fränkischer Adliger erreichte er bei König Chlodwig die Freilassung vieler Gefangener. Später – er stirbt um 570 als Abt eines von ihm gegründeten Klosters – zerspringen die Ketten von unschuldig Gefangenen durch sein eigenes oder durch das an ihn gerichtete Gebet, vor und nach seinem Tod. Die Kette, mit der er dargestellt wird, wurde später als Viehkette gedeutet. Seit etwa 1100 wurden ihm dann unzählige Kirchen und Kapellen gewidmet, die oft mit einer Kette umspannt wurden. Am frühen Morgen des Leonharditages sprengten bäuerliche Reiter wohl in ungeordnetem wildem Ritt um die Leonhardskirchen. Dreimal mussten sie die Kirche umrunden, zum Segen von Ross und Reiter.
Im 19. Jahrhundert wurden daraus dann die vielen Leonhardiritte und Leonhardifahrten, die es bis heute im bayerischen Oberland gibt. In den alten Trachten sitzen die Frauen manchmal noch in den traditionellen bemalten Truhenwagen, die Männer reiten auf den prächtig geschmückten Pferden. Gemeinsam geht es zur Leonhardskirche und oft immer noch dreimal um sie herum. Danach segnet der Priester Pferde und Menschen.

7.

Willibrord, Engelbert, Ernst, Karin

November nass, bringt jedem was.

8.

Gottfried, Willehad

**Wenn der November regnet und frostet,
dies der Saat das Leben kostet.**

9.

Roland

November-Morgenrot mit langem Regen droht.

Diese Wetterregel ist durchaus richtig, wenn man davon absieht, dass ein kräftiges Morgenrot das ganze Jahr über auf Regenwetter hinweist, nicht nur im November.

Einige andere bekannte Regeln legen sich da nicht so eindeutig fest: „Abendrot – Gutwetterbot, Morgenrot – Schlechtwetter droht", „Morgenrot bringt Water in den Sloot", „Geht die Sonne feurig auf, folgen Wind und Regen drauf."

Zum Verständnis dieses Phänomens muss man wissen, dass das Sonnenlicht normalerweise für uns weiß und gleißend hell wirkt, weil es durch Überlagerung der Spektralfarben entsteht, also von rotem, gelbem, grünem, blauem und violettem Licht. Wenn die Sonne morgens noch tief über dem Horizont steht, müssen ihre Strahlen durch die bodennahe Luftschicht dringen.

Je feuchter diese Luft nun ist, desto mehr gelangt nur das rote Licht zu uns, während die anderen Spektralfarben zurückgedrängt werden. Diese feuchte Luft steigt nach Sonnenaufgang in die Höhe, kühlt ab und verdichtet sich schließlich zu dicken Regenwolken, die oft zu ergiebigen und lange andauernden Niederschlägen führen.

November

10.

Leo der Große, Justus

Novemberdonner verspricht guten Sommer.

11.

Martin von Tours

*** Wenn die Martinigänse auf dem Eise geh'n, muss das Christkind im Schmutze steh'n.**

Martinstag

In unseren Breiten sind zugefrorenen Seen am Martinstag eher selten, ebenso wie weiße Weihnachten – zumindest im Flachland. Zwar liegt die Niederschlagswahrscheinlichkeit an den Weihnachtstagen bei 75 Prozent, doch nur ein Drittel davon fällt als Schnee. Und so sind weiße Weihnachten vor allem in Norddeutschland und in der mitteldeutschen Tiefebene eher die Ausnahme.

Der Martinstag war früher einer der wichtigsten Termine im bäuerlichen Arbeitsjahr, und so wurden an diesem Gedenktag des heiligen Martin auch viele andere Bauern- und Wetterregeln festgemacht: „Wenn an Martini Nebel sind, wird der Winter meist gelind“, „Ist Martini trüb und feucht, wird gewiss der Winter leicht“, „Martini trüb – Winter lieb“. Auch diese drei Regeln werden durch neuere Wetterbeobachtung gestützt: Überdurchschnittlich häufig folgt auf feucht-trübes Wetter zu St. Martin ein milder Winter, noch häufiger trifft diese Regel übrigens zu, wenn man den Lostag um zehn Tage verschiebt, also das Wetter am 21. November betrachtet.

„Martini“ war bis vor nicht allzu langer Zeit auch Zahltag bei den Bauern: Da wurden die Saisonarbeitskräfte wie Sennerinnen und Hirten entlohnt und verließen den Hof. Zum Ausstand gab es für Herrschaft und Gesinde noch einmal ein gemeinsames Festmahl mit einem fetten Gänse- oder Entenbraten.

In anderen Gegenden war der Martinstag nach altem Brauch auch der Tag, an dem die nur mit einem kargen Einkommen versehenen Pastoren und Dorflehrer mit einer Naturalienspende bedacht wurden. Dabei war eine Martinsgans stets hochwillkommen.

Die Martinsgans als typisches Festessen ist in Westeuropa zu Hause. Der heilige Martin, Nationalheiliger des Frankenreichs, hatte sich der Sage nach ja in einem Gänsestall versteckt, um seiner Wahl zum Bischof von Tours zu entgehen. Die Gänse verrieten ihn aber durch ihr Geschnatter.
Auch süße Martinssemmeln und -hörnchen gibt es, die je nach Region dem heiligen Martin von Tours oder Martin Luther zu Ehren gebacken werden. Der große Reformator, am 10. November 1483 geboren, wurde nämlich am Tag darauf auf den Namen des Tagesheiligen getauft.
Heute verzehrt man dieses Gebäck nach dem Laternenumzug der Kinder, der sich erst in den letzten Jahrzehnten auch in Süddeutschland eingebürgert hat. An manchen Orten reitet auch der „heilige Martin" beim Umzug mit und teilt – wie es die Legende will – seinen Mantel durch einen Schwerthieb mit einem frierenden Bettler.

12.

Josaphat, Kunibert

Blüh'n im November die Bäume aufs neu, so währet der Winter bis zum Mai.

Der 12. November ist der einzige verworfene Tag oder Schwendtag in diesem Monat. An diesem Tag soll man also nichts Neues beginnen, keine Reisen unternehmen und keine medizinische Behandlung vornehmen lassen. Früher wurde an diesen Tagen auch kein Aderlass durchgeführt. Die verworfenen Tage gehen im Übrigen auf die „dies atri" im alten Rom zurück. An einem „dies ater" (= „schwarzer, Unheil bringender Tag") waren in der Antike kultische und juristische Handlungen aller Art gesetzlich verboten.

13.

Stanislaus Kostka; Briktius

Tummelt sich im November die Haselmaus, bleibt der Winter noch lange aus.

14.

Alberich, Sidonis

**Fällt im November das Laub früh zur Erden,
soll ein feiner Sommer werden.**

15.

Albert der Große, Leopold, Marinus und Ananus

Der heilige Leopold ist oft noch dem Altweibersommer hold.

16.

Margarete von Schottland, Otmar

**Hat der November zum Donnern Mut,
wird das nächste Jahr wohl gut.**

17.

Gertrud von Helfta, Hilda; Hiltrud, Florin, Munditia

**Wenn im November die Sterne stark leuchten,
tut dies auf baldige Kälte hindeuten.**

Gegen Ende November war es höchste Zeit, eines der wichtigsten brauchtümlichen Gebäcke der Vorweihnachtszeit herzustellen: das Kletzenbrot, je nach Region auch Hutzelbrot, Bireweck, Birnweck oder Schnitzbrot genannt. Kletzen oder Hutzeln sind getrocknete, süße Birnen. Wahrscheinlich gibt es dafür so viele Rezepte wie es Kletzenbrot-Bäckerinnen gibt. Ursprünglich aber wurden in einen einfachen roggenen Brotteig viele Kletzen gemischt und erhielt damit ein süßes Brot – eine geschätzte Leckerei in einer Zeit, als Zucker kostbar war. Die Adventszeit war Fastenzeit zur Vorbereitung auf Weihnachten. Außer den begehrten Nikolauszelten am 6. Dezember gab es nicht wie heute schon Berge von Lebkuchen und Plätzchen vor Weihnachten, sondern eben nur das Kletzenbrot. Heute findet man eine Vielfalt von überlieferten Rezepten, von den alten mit Brotteig und Kletzen bis zu den feineren mit vielerlei Dörrobst, Nüssen, Orangeat und Gewürzen. Dabei wird die feine, gewürzte Füllung in dünn ausgewalkten Brotteig gehüllt. Früher stellten die Frauen schon vor Beginn der Adventszeit dieses Gebäck in großer Zahl her. Am besten schmeckt es nämlich, wenn es mindestens eine Woche Zeit zum Durchziehen hat. Große Wecken wurden für den Eigenbedarf und die Bewirtung von Gästen gebacken, kleine bekamen die Kinder, die Patenkinder und die Dienstboten. Wer nicht selbst backte, kaufte sich das Kletzenbrot auf den Christkindl- und Weihnachtsmärkten oder beim Bäcker.

18.

Odo von Cluny

**Je mehr Schnee im November fällt,
desto fruchtbarer wird das Feld.**

19.

Elisabeth, David von Augsburg

Sankt Elisabeth zeigt an, was der Winter für ein Mann.

Seit dem 13. Jahrhundert hat sich der Vorname Elisabeth in Süddeutschland über die Jahrhunderte als einer der beliebtesten Taufnamen für Mädchen gehalten. Neben der biblischen Elisabeth (der Mutter Johannes des Täufers) war vor allem die heilige Elisabeth von Thüringen daran beteiligt: Bereits als Vierjährige wurde sie 1211 mit dem zehnjährigen Ludwig, dem Sohn des Landgrafen von Thüringen verlobt. Zehn Jahre später fand auf der Wartburg die Hochzeit statt. Von Anfang an verteilt die Landgräfin großzügig Almosen an die Armen, und als sie nach dem Tod ihres Gatten Ludwig vom Schloss gejagt wurde und in Marburg in einem Hospital arbeitete, versorgte sie aufopfernd die Kranken. Schon zu Lebzeiten wurde von zahlreichen Wundern um Elisabeth berichtet, am bekanntesten ist das Rosenwunder: Als ihr Gatte misstrauisch in einen Korb voller Brot schaut, den Elisabeth zu den Armen bringt, liegen in dem Korb nur Rosen. Bereits vier Jahre nach ihrem Tod 1231 wurde sie heilig gesprochen, und im selben Jahr die ihr geweihte Kirche über ihrem Grab in Marburg errichtet. Durch zahlreiche Berichte über Wunder gehörte die Wallfahrt zu ihrem Grab zu den berühmtesten des Mittelalters. Und so hat man damals auch ihren Namen (neben Barbara, Anna und Margarethe) bevorzugt an die Töchter vergeben. Erst in den letzten Jahrzehnten wurde der traditionelle Vorname von modischeren Namen verdrängt. Doch in der heute sehr beliebten Form „Lisa" findet die Tradition des Vornamens Elisabeth auch im 21. Jahrhundert ihre Fortsetzung.

20.

Korbinian, Bernward

Wer später will haben, muss im November graben.

21.

Amalberga, Johannes von Meißen

Wenn an Mariä Opferung die Bienen fliegen, ist das nächste Jahr ein Hungerjahr.

Mariä Opferung

22.

Cäcilia, Philemon

Die heilige Cäcilie mit Dank, setzt sich auf die Ofenbank.

Die heilige Cäcilie gilt als Patronin der Musik, der Musiker, Sänger und Instrumentenbauer. Zu diesem Patronat kam sie allerdings nur durch einen kleinen, aber entscheidenden Übersetzungsfehler, der dazu führte, dass Cäcilie seit dem Ende des 15. Jahrhunderts mit Musikinstrumenten abgebildet ist. Meist sitzt sie an einer Orgel. In ihrer Legende heißt es nämlich an der Stelle, als sie mit dem Römer Valerianus verheiratet werden soll, richtig übersetzt: „… sang sie, als die Orgel erklang, zu ihrem Herrn und sprach: Lass mich an Leib und Seele unbefleckt bleiben …“. Die lateinischen Wörter „cabtantibus organis = als die Orgel erklang“ wurden dabei fälschlich mit „als sie Orgel spielte“ übersetzt. Ihr Festtag wird deshalb von vielen Musikanten mit Cäcilienkonzerten und Hausmusiktreffen begangen. Denn öffentliche Musik- und Tanzveranstaltungen sind in der besinnlichen Adventszeit verboten: „Kathrein (25. November) stellt's Tanzen ein“, „Kathrein packt Bass und Geigen ein“, und „Kathrein stellt die Schifffahrt und die Musik ein“.

23.

Klemens, Felizitas, Kolumban

Dem heiligen Klemens traue nicht, denn selten zeigt er ein mild' Gesicht.

Christkönig

24.

Flora, Hilde, Chrysogonus

Bringt November Morgenrot, der Aussaat dann viel Schaden droht.

25.

Katharina von Alexandrien, Egbert

*** Wie der Tag zu Sankt Kathrein, wird der nächste Februar sein (trocken oder nass).**

So erstaunlich es auch klingt – diese Bauernregel trifft mit einer Zuverlässigkeit von etwa 80 Prozent zu.
Nach dem Martinstag ist Kathrein nun endgültig der Tag, der den Anfang des Winters ankündigt. „Kathrein stellt's Tanzen ein“, das fällt noch heute vielen zu diesem Tag ein. Nach Kathrein gilt das Tanzverbot der

Adventszeit, deshalb finden an diesem Tag die letzten ausgelassenen öffentlichen Tanzveranstaltungen statt. In früherer Zeit war dies auch der letzte Tag im Jahr zum Heiraten, war mit einer Hochzeit doch immer auch ein Tanzvergnügen verbunden. Außerdem sollte man sich in der kommenden Adventszeit, in der dunklen Zeit, in der nach altem Glauben die Geister umgehen, möglichst unauffällig verhalten, um den Zorn der dunklen Mächte nicht zu erregen.

26.

Konrad, Gebhard, Delphina

An Konrad steht kein Mühlenrad, weil der ja immer Wasser hat.

27.

Bilhildis

Friert es auf Virgilius, im Märzen Kälte kommen muss.

Den ganzen Winter über mussten alle paar Tage die eingelagerten Vorräte kontrolliert werden. Und ebenso oft kam die Bäuerin oder die Magd mit einigen Äpfeln oder Birnen in die Küche, die dringend verwendet werden mussten, weil sie schon „Stellen“ aufwiesen. Da gab es dann Kompott zur Mehlspeise, Apfelkuchen und Apfelauflauf und im Südosten Deutschlands den Apfelstrudel. Nichts wurde damals weggeworfen: Faule Stellen und Kerngehäuse kamen in den Schweinetrog, die Apfelschalen wurden zum Apfeltee verwendet.

28.

Berta, Gunther, Hadumod

Willst du den Futterstand verbessern,
musst im November die Wiesen wässern.

29.

Friedrich von Regensburg, Jutta, Jolanda

Der Mai kommt gezogen wie der November verflogen.

30.

Andreas

Andreasschnee bleibt hundert Tage liegen.

Eine ähnliche Aussage wie in der Regel vom Andreasschnee finden wir am 1. Dezember in der Eligiusregel (Seite 196). Und tatsächlich haben wir mit 70-prozentiger Wahrscheinlichkeit weiße Weihnachten, wenn Anfang Dezember schon eine geschlossene Schneedecke liegt. Das wären dann immerhin 24 Tage – die hundert Tage sind wohl eine kleine Übertreibung, die man sich einfach besser merken kann.
Das Attribut des Apostels Andreas ist ein X-förmiges Kreuz, da er an einem solchen den Tod gefunden haben soll. Der Andreastag bedeutete früher den Winteranfang des Bauernjahres.
Die Andreasnacht ist wie die Thomasnacht am 21. Dezember eine bedeutende Losnacht, in der sich nach altem Glauben jungen Mädchen ihr Zukünftiger zeigt: So stellte man am Andreastag frische Zweige in die Vase, um dann aus der Färbung der ausgetriebenen Blätter Rückschlüsse auf die Heiratsaussichten zu ziehen. Andere warfen eine in einem Stück abgeschälte Apfelschale über die linke Schulter gegen die Türe, um dann aus der liegenden Apfelschale einen Buchstaben herauszulesen – den Anfangsbuchstaben vom Vornamen des künftigen Liebsten. Im Wandspiegel, im Kamin und besonders im Wasserspiegel des Brunnens sollte sich in der Nacht das Bild des Zukünftigen zeigen. In vielen Dörfern gingen die Mädchen deshalb um Mitternacht zum Brunnen oder auch zu einem nahen Bach oder Teich zum „Wasserschauen“. Mancherorts stiegen die Mädchen in dieser Nacht rückwärts ins Bett und baten gleichzeitig in einem Gebet den heiligen Andreas darum, dass ihnen im Schlaf ihr zukünftiger Mann erscheinen möge.

Dezember

Der zwölfte und letzte Monat unseres Jahres war der zehnte im Kalender der alten Römer (lat. decem = zehn). Die deutschen Namen Julmond, Heilmond und Christmonat konnten sich nicht durchsetzen. Alljährlich stellt sich im Dezember die Frage nach „Weihnachten im Schnee oder im Klee". Als ziemlich treffsicher hat sich folgende Wetterbeobachtung erwiesen: Gibt es zu Monatsbeginn eine geschlossenen Schneedecke, dann ist eine „weiße Weihnacht", zumindest im höheren Flachland, zu 70 Prozent wahrscheinlich. Ein eher lauer Dezember kündigt einen selten strengen Winter an, gefolgt von einem milden Frühjahr. Beginnt der Monat frostig, dann wird der ganze Dezember eher kalt. Der Dezember und damit der Advent galten früher wie heute als die so viel beschworene „ruhige Zeit". Aber auch für die „gute alte Zeit" trifft das nur teilweise zu. An Kathrein am 25. November wurde zwar der Tanz eingestellt, es fanden also keine öffentlichen Tanzvergnügungen mehr statt. Dafür gab es aber auch in der Adventszeit die Spinnstuben, wo sich abends die Mädchen zum Spinnen trafen und danach die Burschen mit ihren Musikinstrumenten dazukamen, sodass oft ein richtiger „Hoagart“, ein Abend mit Hausmusik würde man heute sagen, zustande kam. Da wurde dann auch getanzt – es durfte nur nicht öffentlich sein.

Die Dunkelheit der Dezembernächte war aber auch Auslöser für unzählige Bräuche und abergläubische Vorstellungen von Dämonen und anderen bösen Geisterwesen, die in der Vorweihnachtszeit im Dunkeln umherwandeln und unartige Kinder, schlampige Frauen und faule Männer aufs Schlimmste bestrafen.

Am 6. Dezember kommt der Nikolaus, um brave Kinder zu loben und unfolgsame zu bestrafen. In manchen Gegenden wird der Nikolaus von Furcht einflößenden Gestalten begleitet, die mit ihrem Lärm an heidnische Zeiten des Austreibens der Winterdämonen erinnern.

Mit dem Thomastag, der jahrhundertelang am 21. Dezember gefeiert wurde (jetzt auf den 3. Juli verlegt), beginnt die unheimlichste Zeit des Jahres, die Zwölften oder Zwölfnächte bis Heiligdreikönig. Da fliegt die Wilde Jagd durch die Lüfte und ergreift *alle, die sie spät noch draußen antrifft. Diese Nächte sind aber auch Los- und Orakelnächte für das gesamte kommende Jahr: So sollen sich die Träume der Zwölfnächte in den zwölf Monaten des neuen Jahres erfüllen, Träume vor Mitternacht in der ersten Monatshälfte und die nach Mitternacht in der zweiten Monatshälfte. Wenn jemand in den Zwölften stirbt, so werden im folgenden Jahr zwölf Leichen aus dem Dorf folgen. Das Wetter der zwölf Tage deutet auf das Wetter der kommenden Monate. Entscheidend dabei ist der dreizehnte Tag, der 6. Januar. Ist er trocken, sind die Lostage gültig, gibt es aber Schnee oder Regen, sind sie ungültig. Je nach Region sind zwei bis vier der Zwölfnächte auch Rauchnächte, in denen das Haus ausgeräuchert wurde, um böse Geister zu vertreiben: Immer gehören die Weihnachtsnacht und die Nacht vor Heiligdreikönig dazu, manchmal auch die Silvesternacht und die Thomasnacht. Die Bräuche, die der moderne Mensch heute noch mit dem Dezember verbindet, sind – so wie wir sie kennen – viel jünger: Einen Adventskranz gibt es erst seit 150 Jahren, und auch der Christbaum hat sich in breiten Schichten erst seit etwa dieser Zeit durchgesetzt.*

Dezember

1.

Edmund, Natalie, Eligius

*** Fällt auf Eligius ein kalter Wintertag,
die Kälte noch vier Wochen dauern mag.**

Wenn die mittlere Tagestemperatur am Eligiustag oder zeitnah unter null Grad liegt, so fällt der Dezember mit einer Wahrscheinlichkeit von 70 Prozent zu kalt aus. Die Meteorologen erklären dieses Phänomen wie einige ähnliche Erscheinungen damit, dass so genannte Großwetterlagen in der Regel eine gewisse „Erhaltungsneigung" haben. Dass die Kälte vom Eligiustag allerdings genau vier Wochen dauert, das bestätigen die Untersuchungen nicht.
Der heilige Eligius wurde um 590 in Limoges geboren und nach einer Goldschmiedeausbildung zum Münzmeister am königlichen Hof ernannt. Der König schenkte ihm ein Hofgut, das er als Bischof von Tours zum Kloster ausbaute. Am bekanntesten ist sein Pferdewunder: Einem störrischen Pferd, das er beschlagen sollte, schnitt er das Bein ab, befestigte auf dem Amboss das Hufeisen daran und setzte dem Pferd das Bein wieder an. Er gilt deshalb als Patron aller Schmiede.
Wie der 1. April und der 1. August ist auch der 1. Dezember ein Unglückstag. An diesem Tag sollen Sodom und Gomorrha untergegangen sein. Man muss an diesem Tag alles zu Ende führen, was man angefangen hat und darf keine Fehler machen.

2.

Luzius, Bibiana

**Wenn's regnet am Bibianatag,
regnet's vierzig Tag und eine Woche danach.**

3.

Franz Xaver, Gerlinde, Emma

**Fängt der Winter früh an zu toben,
ist er im Dezember nicht zu loben.**

4.

Barbara, Adolf Kolping

Geht Barbara im Klee, kommt das Christkind im Schnee.

Die Auswertung von Wetteraufzeichnungen der letzten Jahrzehnte hat ergeben, dass in Norddeutschland an Weihnachten tatsächlich überdurchschnittlich häufig kein Schnee lag, wenn schon am Barbaratag keine Schneedecke vorhanden war. Ist es aber schon am 4. Dezember weiß, so bleibt mit einer Wahrscheinlichkeit von 70 Prozent an einem der Weihnachtstage der Schnee liegen.
Am Tag der heiligen Barbara ist es bis heute üblich, die so genannten Barbarazweige zu schneiden: vor allem Zweige von Kirschbäumen oder Schlehen, die dann – im Zimmer in der Vase – zum Weihnachtsfest blühen. Je reicher die Blütenpracht zum Christfest, desto mehr Glück und Segen erwartete man früher vom neuen Jahr: Junge Mädchen bekommen einen Hochzeiter und alte Leute bleiben im kommenden Jahr gesund. Im Fränkischen holte man noch vor 200 Jahren ganze Kirschen- oder auch Holunderbäumchen herein und stellte sie ins Wasser. Die blühenden Bäumchen wurden dann an Weihnachten mit Süßigkeiten für die Kinder behängt – ein Vorläufer des Christbaums.
In vielen Regionen war der Barbaratag auch mit dem Barbarabrot verknüpft. Die Märtyrerin Barbara ist aufgrund ihrer Legende Schutzpatronin aller Berufe, die mit Gebäuden zu tun haben, mit Feuer und Unwettern. Besonders die Bergleute sehen sie als „ihre" Patronin an. Bis ins 19. Jahrhundert war es in Bergwerksregionen üblich, den Barbaratag durch das Verschenken und Verzehren von Gebildbroten zu feiern: Aus roggenem Mehl war das häusliche Barbarabrot, oder aus feinem Kuchenteig das vom Feinbäcker. Es hatte die Form von Mann und Frau, Hahn und Henne oder gekreuzten Bergwerkshämmern.

5.

Anno, Reginhard, Hartwig

Dezember lind, ist der Winter ein Kind.

6.

Nikolaus von Myra

Regnet's an Sankt Nikolaus, wird der Winter streng und graus.

Nikolaustag

„Sankt Nikolaus spült die Ufer aus", und: „Fließt zu Nikolaus noch Birkensaft, bekommt der Winter keine Kraft." Diese drei bekanntesten Wetterregeln zum Nikolaustag haben eines gemeinsam: Sie wissen, dass die erste Dezemberwoche bei uns sehr häufig mild und regnerisch sein kann, teils mit ergiebigen Regenfällen um den Nikolaustag. Allerdings lässt sich aus einem milden Dezemberanfang kein eindeutiger Schluss auf den weiteren Verlauf des Winters ziehen: Es kann durchaus noch kalt werden. Ein mildes erstes Dezemberdrittel hat aber überdurchschnittlich häufig auch einen insgesamt milden Hochwinter zur Folge.

Der Vorabend des Nikolaustages mit dem Besuch des heiligen Nikolaus ist für die Kinder eines der wichtigsten Ereignisse vor dem Christfest.

Da kommt am frühen Abend, wenn es bereits dunkel ist, ein als Bischof Nikolaus mit Bischofsstab und Mitra verkleideter Besucher, an den viele Kinder das ganze Jahr über mit ängstlichem Respekt denken. Der Nikolaus hat einen großen Sack dabei und ein goldenes Buch. Im Sack sind Geschenke für die Kinder, die im goldenen Buch als brav und folgsam verzeichnet sind. In den Sack steckt er angeblich die Kinder, die das Jahr über Unfug gemacht haben.

In vielen süddeutschen Gegenden bekamen die Kinder bis vor 200 Jahren ihre Weihnachtsgeschenke übrigens nicht vom Christkind, sondern vom Nikolaus. Über Jahrhunderte wurde im gesamten Alpenraum sogar ein eigenes Nikolausgebäck gebacken: als von Hand oder mit Holzmodeln geformte Nikolaus- oder auch Tierfigur oder als Mann und Frau geformt. Dieses Gebäck hieß dann „Klausenmännle" und „Klausenweible" oder „Klausenzelten".

Der heilige Bischof Nikolaus von Myra ist bei Klein und Groß ein äußerst beliebter Heiliger. Er gilt nicht nur als Patron der Kinder und Schüler (weil er drei armen Mädchen nachts Goldklumpen durchs Fenster geworfen haben soll). Auch die Bäcker, Getreidehändler und Schiffsleute verehren ihn (weil er mit einem Schiff das sehnlichst erwartete Getreide zu den Hungernden gebracht haben soll, und weil er selbst Brot für die Armen backen ließ).

7.

Ambrosius, Gerald

**Ist Ambrosius schön und rein,
wird Sankt Florian (4. Mai) ein wilder sein.**

8.

Edith, Konstantin von Orval

**Auf kalten Dezember mit tüchtigem Schnee,
folgt ein fruchtbares Jahr mit reichlich Klee.**

Mariä Erwählung

Viele Bauernregeln zum Dezember haben den gleichen Inhalt: Die Bauern freuen sich über einen kalten, schneereichen Dezember, weil er angeblich ein fruchtbares Jahr verspricht. „Dezember kalt mit Schnee, gibt Korn in jeder Höh", und: „Ein kalter Dezember und fruchtbares Jahr sind vereinigt immerdar". Wie das Wetter in der Wachstumszeit des folgenden Jahres wird, darüber sagt die Dezemberwitterung wenig aus. Optimale Voraussetzungen für gutes Gedeihen im Folgejahr hat die Herbstsaat aber tatsächlich, wenn sie durch eine dicke Schneedecke geschützt ist und wenn es im Dezember so kalt wird, dass die Pflanzen ihre nötige Vegetationspause einhalten: „Die Erde muss ihr Schneekleid haben, soll sie der Winterschlaf auch laben". Durch ausreichende Kälte sterben auch mehr Schädlinge ab, die in der Erde überwintern.

9.

Eucharius, Liborius, Abel, Valerie von Limoges

**Je dunkler es überm Dezemberschnee war,
je mehr leuchtet der Segen im nächsten Jahr.**

Seit etwa tausend Jahren ist der Advent für gläubige Christen eine strenge Buß- und Fastenzeit vor der Geburt des Erlösers an Weihnachten. Doch mischen sich in diesen dunklen vier Wochen vor der Wintersonnenwende bis heute heidnisches und christliches Brauchtum. Was man am ersten Adventssonntag träumt, soll in Erfüllung gehen, und in den Träumen der vier Adventssonntage sieht man angeblich, was die vier

Quartale des nächsten Jahres bringen werden. Vier Kerzen befestigt man auch auf dem Adventskranz, der uralte Symbole benutzt: Den Kreis als Symbol der Hoffnung und des Lebenskreises, frisches Grün als Symbol der Fruchtbarkeit mitten im Winter, die Zahl vier als magische Zahl etwa für die vier Jahreszeiten und die Kerzenfarbe Rot als Symbol für die Liebe und für das Blut Christi. An jedem Adventssonntag wird eine weitere Kerze entzündet, bis an Weihnachten, mit der Geburt Christi, das „Licht der Welt" kommt und am Christbaum viele Kerzen leuchten. In Altbayern stellte man statt des Adventskranzes früher ein „Paradeisl" auf. Dazu wurden drei rotbackige Äpfel mit Stäben zu einem Dreieck verbunden, drei weitere Stäbe führten von den Äpfeln nach oben und endeten in einem vierten Apfel, der die Spitze der Pyramide bildete. In die Äpfel bohrte man die vier Adventskerzen. Diese Apfelpyramide hat man auf einen schönen Teller gesetzt, der mit Nüssen und Äpfeln gefüllt und mit Tannengrün geschmückt war.

10.

Angelina, Eulalia von Mérida

**Fließt im Dezember noch der Birkensaft,
dann kriegt der Winter keine Kraft.**

11.

Tassilo, Damasus

**Wenn Winde wehen im Advent,
so wird uns dann viel Obst gesendt.**

12.

Johanna Franziska Frémyot de Chantal, Vizelin

Dezember kalt mit Schnee, tut dem Ungeziefer weh.

13.

Odilia, Luzia, Jodokus

An Sankt Lucia ist der Abend dem Morgen nah.

„St. Lucia kürzt den Tag so viel man ihn nur kürzen mag" – der Luzientag war bis zur Einführung des gregorianischen Kalenders der Tag der Wintersonnenwende. Dieser Tag, der die bedrohliche winterliche Dunkelheit in die Hoffnung auf Licht und Frühling umkehren sollte, wurde vermutlich schon in heidnischen Zeiten vom Volk gefeiert, war er doch ebenso gefürchtet wie ersehnt. Die katholische Kirche legte dann den Tag der heiligen Lucia, der „Lichtbringerin" (von lateinisch lux = das Licht) auf dieses Datum fest. Wohl um 305 starb Lucia, aus reicher christlicher Familie stammend, nach grausamen Folterungen den Märtyrertod. Der Legende nach riss sie sich selber beide Augen aus und präsentierte sie einem heidnischen Jüngling. Er sollte wissen, dass sie entstellt sei, und sie nicht mehr zur Frau wünschen. Deshalb gilt Lucia als Patronin der Augenkranken und Blinden. In Italien, Spanien und Frankreich beten die Mütter zu Lucia um gute Augen für ihre Kinder.
Auch in Nordeuropa ist der Luzienkult lebendig mit der weiß gekleideten Luzienbraut, die eine Kerzenkrone trägt. Doch nicht überall ist Lucia die helle Lichtbringerin: Im Bayerischen Wald und in der Oberpfalz kennt man da eher die „schiache Luz", eine Schreckensgestalt, die die dunklen Seiten dieses alten Mittwintertages verkörpert. Dort schlich sie angeblich durch die Straßen auf der Suche nach unartigen Kindern oder faulen Mägden, um ihnen mit ihrer Sichel Böses anzutun.
„Kommt die heilige Lucia, ist die Kälte auch schon da", reimt die Bauernregel etwas unbeholfen. Aber sie hat Recht: Tatsächlich folgt auf einen milden, oft regnerischen Dezemberanfang um die Mitte des Monats oft eine Frostperiode bei klarer, trockener Witterung.

14.

Johannes vom Kreuz, Berthold von Regensburg, Spyridon

Dezember mild mit Regen, ist für die Saat kein Segen.

Dezember

15.

Nina, Christiane

**Trockener Dezember:
trockenes Frühjahr und trockener Sommer.**

16.

Adelheid, Elke, Ado, Sturmius

Vor Weihnacht viel Wasser, nach Johannis (24. Juni) kein Brot.

17.

Lazarus, Jolanda

Ist Sankt Lazar nackt und bar, gibt's ein schönes neues Jahr.

18.

Wunibald, Gratian

**Die Erde muss ihr Betttuch haben,
soll der Winterschlaf sie laben.**

19.

Urban, Benjamin, Susanna

**Bis Weihnacht gibt es Speck und Brot,
danach kommt die Kält' und die Not.**

Am letzten Adventssonntag, mancherorts auch erst am Heiligen Abend, werden in den Häusern und in vielen Kirchen und Klöstern die Weihnachtskrippen aufgestellt. Die Figuren haben sich oft seit Generationen in einer Familie vererbt. Früher wurden sie in Südtirol, aber auch in der

Oberpfalz und anderen armen Regionen während der Winterzeit in Heimarbeit geschnitzt. Jede Familie baut ihre Krippe anders auf: Oft entstehen richtiggehende Miniaturlandschaften mit Felsen, Bäumen und Schafweiden, für die rechtzeitig das Moos aus dem Wald geholt werden muss. Zentrum der Krippe ist aber immer ein Häuschen oder eine Höhle, in der das Jesuskind in der Krippe liegt. Daneben knien Maria und Josef, hinter der Krippe wachen Ochs' und Esel. Dazu können noch Hirtenfiguren kommen, Schafe und andere Tiere und Engel, die über der Krippe schweben. Am Dreikönigstag schließlich werden dann die drei prächtig gekleideten Weisen aus dem Morgenland mit Kamelen und Gefolge dazugestellt. Die erste Krippe stellte angeblich der heilige Franziskus in einer Höhle bei Assisi auf: Im Jahr 1223 legte er dort ein lebensgroßes Wachsabbild des Christkinds in eine echte Futterkrippe, auf den Boden warf man Heu und ein Gutsbesitzer stellte Ochs' und Esel zur Verfügung.

20.

Holger, Eiko, Julius

So kalt wie im Dezember, so heiß wird's im Juni.

21.

Peter Friedhofen, Hagar, Bezela, (früher: Thomas)

Friert's am kürzesten Tag, so wird das Korn billig; ist es gelinde, so steigt es im Preis.

„Wenn Sankt Thomas dunkel war, gibt's ein schönes neues Jahr", lautet eine andere Bauernregel für diesen Tag, oder auch: „Thomas dreht die Stund um", und: „St. Thomas bringt die längste Nacht, weil er den kürzesten Tag gebracht." Bis vor wenigen Jahrzehnten feierte man nämlich heute, am Tag der Wintersonnwende, den Tag des heiligen Apostels Thomas. Diese längste Nacht des Jahres war den Menschen unheimlich, in einer solchen Nacht mussten Geister, Dämonen und Wesen aus

dem Jenseits unterwegs sein. Deshalb gibt es um diese Nacht viele Schauergeschichten, die dann teilweise dann mit dem heiligen Thomas in Verbindung gebracht werden. Die Nacht war eine der wichtigsten Rauhnächte und die wichtigste Losnacht des Jahres, in der vor allem junge Mädchen das Orakel befragten. So wurde das Apfelorakel aus der Andreasnacht (30.11.) angewendet, andere Mädchen gingen um Mitternacht, nur mit einem Hemd bekleidet, in den Garten und schüttelten einen Obstbaum oder einen Holunderbusch und horchten dabei in die Nacht, aus welcher Richtung Hundegebell kam und den Zukünftigen ankündigte.
In manchen Orten des Bayerischen Waldes gibt es auch die Schreckgestalt des „Bluadigen Dammerl", des „Blutigen Thomas", der mit einem Hammer durch die Dörfer zieht und sein blutbeflecktes Bein zeigt oder blutbesudelte Kleidung trägt. Diese volkstümliche Schreckgestalt hat ihren Ursprung vielleicht darin, dass ab dem Thomastag mit dem Schlachten der Schweine für Weihnachten begonnen wurde. Überall auf dem Land waren die Metzger unterwegs.
Um den abergläubischen Ritualen am Thomastag den Garaus zu machen, hat die katholische Kirche den Gedenktag des Heiligen auf den 3. Juli verlegt, den Tag der Übertragung seiner Gebeine nach Edessa. Es hieß, die Tage vor dem Weihnachtsfest sollten frei von wichtigen Apostelfesten sein, damit die Vorbereitung auf Christi Geburt mehr Raum habe. Im Volksglauben ist die Thomasnacht aber immer noch die längste Nacht des Jahres.

22.

Jutta, Bertheide

*** Wie der Dezember pfeift, so tanzt der Juni.**

Einen Zusammenhang zwischen den Temperaturen im Dezember und Juni haben auch Wetterbeobachtungen bestätigt. Danach folgt auf einen Dezember, in dem die Mitteltemperatur unter 0 Grad lag, zu über 75 Prozent ein überdurchschnittlich warmer Juni.

23.

Johannes von Krakau, Viktoria

**Im Dezember sollen Eisblumen blühn,
Weihnachten sei nur auf dem Tische grün.**

24.

Adam und Eva

**Wenn's Christkindlein Tränen weint,
vier Wochen keine Sonne scheint.**

Heiligabend

In der Nacht vom 24. auf den 25. Dezember wurde nach christlichem Glauben Jesus geboren. Bis zur Geburt des Erlösers in der Nacht wird deshalb traditionell gefastet. Erst nach dem Besuch der Mitternachtsmesse, der Christmette, in der die Geburt Christi gefeiert wird, gibt es deshalb ein üppiges Essen: die Mettensuppe mit Fleisch und Wurst vom frisch geschlachteten Schwein und je nach Region hinein geschnittenem Brot oder Kartoffeln.
An Heiligabend wird der Christbaum in die Stube gestellt. Dieser Brauch hat sich aus der Sehnsucht der Menschen nach Grün in der dunklen Jahreszeit entwickelt. Zuerst waren es wohl nur Zweige, die man ins Haus geholt hat, damit sie dort grünen und blühen, unsere heutigen Barbarazweige. Immer schon wurden aber Schmuck und Essbares an die Bäume gehängt, die zuerst vielleicht in den Zunftstuben standen und an Weihnachten von den Kindern geplündert werden durften. Doch erst vor etwa 200 Jahren kommt der Christbaum, wie wir ihn heute kennen, zuerst in adlige und dann auch in bürgerliche Wohnzimmer. Und mit ihm die Geschenke. An Weihnachten war es früher das größte Geschenk, dass alle reichlich das üppige fette Weihnachtsessen bekamen. Zusätzlich gab es seltene Leckereien wie Mandeln, Datteln und andere getrocknete Früchte und Süßigkeiten. Erst allmählich wurden dann nützliche Geschenke, vor allem Kleidungsstücke, geschenkt.
Die Heilige Nacht war außerdem die erste der so genannten Zwölften, der zwölf unheimlichen Nächte bis Heiligdreikönig – mancherorts begannen sie schon mit dem Thomastag am 21. Dezember – die als Los- und Orakelnächte galten und mit denen sich viele abergläubische Vor-

stellungen verbanden. Wer sich etwa in der Christnacht unter den Futtertrog im Stall legt, kann die Sprache der Tiere verstehen.
Die Heilige Nacht war auch eine der Rauchnächte – wie die Thomasnacht, die Silvesternacht und die Dreikönigsnacht – in denen man alle Räume des Hauses und die Ställe mit Weihrauch und allerlei Zauberkräutern ausgeräuchert hat, um die „bösen Geister" zu vertreiben.

25.

Anastasia, Eugenia

Ist's an Weihnachten kalt, ist kurz der Winter, das Frühjahr kommt bald.

1. Weihnachtstag

Dass Jesus an einem 25. Dezember geboren ist, ist nicht historisch nachweisbar. Die Kirche hat dieses Fest auf diesen Tag gelegt, um die heidnischen Feiern des Sonnengottes und das Fest des mit der Kirche konkurrierenden Mithraskultes mit diesem großen Kirchenfest zu ersetzen. Die viel kritisierte „heidnische" Angewohnheit, Geburtstage – auch Christi Geburtstag – zu feiern, hat noch Augustinus für das Weihnachtsfest so gedeutet, dass der 25. Dezember nur ein Erinnerungsdatum an dieses Ereignis sei.
An diesem Tag besuchten die Katholiken – nach der Mitternachtsmette – noch ein Morgenamt und dann am Vormittag den Hauptgottesdienst, um auf die vorgeschriebenen drei Weihnachtsmessen zu kommen. Dazu legte man früher die Festtagstracht an – und zu Hause zog man sich sofort wieder um. Zwischen den Messen wurde gekocht, gegessen, getrunken und gefeiert, und – obwohl ein hoher Feiertag war – die Tiere versorgt und alle anderen unbedingt nötigen Arbeiten auf dem Hof erledigt.
Die zwölf Tage, auch als Zwölften oder Zwölfnächte zwischen Weihnachten und dem Dreikönig (6.1.) sind die wichtigsten Lostage des gesamten Jahres (siehe Seite 8). Von ihrem Verlauf hängt nach altem Glauben nicht nur der weitere Verlauf des Winters ab, sondern auch das Wetter des ganzen folgenden Jahres: „Von Weihnachten bis Dreikönigstag aufs Wetter man wohl achten mag. Ist's regen-, nebel-, wolkenvoll, viel Krankheit es erzeugen soll; lebst mit Vernunft und Mäßigkeit, bist du vor allem Wetter gefeit."

26.

Stephanus

*** Wenn's auf Weihnacht ist gelind, sich noch viel Kält' einfind.**

2. Weihnachtstag

Was unsere Vorfahren aus Erfahrung wussten, lässt sich heute einfach erklären. Einzelne Kältewellen von Osten erreichen im Januar und Februar Mitteleuropa. Herrscht zur Weihnachtszeit milde ozeanische Luft vor, ist das keine Garantie für das Ausbleiben von Kälteperioden in den Wintermonaten.
Der Tag des heiligen Märtyrers Stephanus folgt auf den Tag der Geburt Jesu, wohl weil Stephan als erster Märtyrer für Jesus sein Leben gelassen hat. In den vergangenen Jahrhunderten war der Stephanitag traditionell der Pferdetag, an dem jeder Pferdebesitzer dafür Sorge trug, dass seine Pferde kirchlich gesegnet wurden. Vielleicht ist dieser Brauch aus germanischen Kultbräuchen rund um die Rösser entstanden, in der Legende des Heiligen ist der Ursprung jedenfalls nicht zu finden. Jedenfalls war der heilige Stephan der erste Pferdepatron – lange vor etwa dem heiligen Leonhard.
Mancher Bauer ließ an dem Tag auch Hafer weihen, den die Pferde dann fressen durften, und vielfach hat man Wasser und Salz geweiht. Das „Steffelswasser“ sollte ganz besondere Kräfte haben und Hexen und Teufel in die Flucht schlagen.

27.

Johannes (Apostel und Evangelista), Fabiola

Ein dunkler Dezember bringt ein gutes Jahr, ein nasser aber macht es unfruchtbar.

Ein „nasser“ Dezember bedeutet durchwegs Temperaturen über dem Gefrierpunkt, und das tut den Pflanzen gar nicht gut. Die Natur braucht ihre Winterruhe – einen „dunklen“, das heißt im südlichen und mittleren Deutschland, fernab vom Meer: einen kalten, frostigen Dezember. Das bringen diese Bauernregeln zum Ausdruck: „Dezember warm, Gott erbarm!“, „Weihnachten nass, leere Speicher und Fass“, „Ist der Winter warm, wird der Bauer arm.“

28.

Julius von Rom

Haben es die unschuldigen Kindlein kalt, so weicht der Frost noch nicht so bald.

Unschuldige Kinder

An diesem Tag gedenkt die Kirche der Knaben im Alter bis zu drei Jahren, die Herodes in Bethlehem ermorden ließ, um den neugeborenen vermeintlichen Konkurrenten, Christus, den „König der Juden" auszuschalten. An einigen Orten war es üblich, wie am Allerseelentag für die Unschuldigen Kinder eine Schüssel Suppe auf den Tisch zu stellen.
Auch das an anderen Orten schon am Stephanitag gebräuchliche „Pfeffern" oder „Fitzeln" war – besonders um Nürnberg – üblich: Dabei wurden Mädchen von den Burschen mit grünen Weiden- oder anderen Ruten, auch mit blühenden Barbarazweigen, gekitzelt oder – leicht – geschlagen, was als Glück und Fruchtbarkeit bringend angesehen wurde.

29.

Thomas Becket, Winthir

Wer sein Holz nach Weihnacht fällt, dessen Gebäude zehnfach hält.

Auch für das Holzschlagen hatte jeder Bauer seine festen Zeiten. Je nach beabsichtigter Verwendung des Holzes gibt es aber unterschiedliche Termine für den günstigsten Tag. Entscheidend ist dafür auch der Mondstand. So soll man Bauholz in den letzten Dezembertagen bei zunehmendem Mond in den Fischen einschlagen, auf keinen Fall jedoch bei abnehmendem Mond im Löwen. Dann fault es angeblich nicht und wird auch nicht vom Holzwurm befallen. Am letzten Tag vor dem Dezemberneumond geschlagenes Holz wird angeblich unbrennbar.

30.

Felix I., Germar von Flay

Wie sich das Wetter von Weihnacht' bis Dreikönig hält, so ist das ganze Jahr bestellt.

31.

Silvester, Melanie, Paulina, Kolumba von Sens

Wind in der Silvesternacht hat nie Wein und Brot gebracht.

Silvester

Papst Silvester soll am 31. Dezember 335 gestorben sein und war deshalb der Namensgeber für diesen Tag. An keinem anderen Tag im Jahr ist die Neugier auf die Zukunft so groß wie an diesem kalendarischen Jahresschlusstag. An diesem Tag wurde schon immer fröhlich und ausgelassen gefeiert, im Gegensatz zum stillen, besinnlichen Weihnachtsfest. Christen besuchen seit jeher am Abend den Jahresschlussgottesdienst, danach wird im Familien- und Freundeskreis gespielt und gefeiert, bis an Mitternacht dann mit allen Kirchenglocken das neue Jahr eingeläutet wird und Feuerwerk und Böller krachen. Bis heute haben sich diese vorchristlichen Traditionen des Lärmens zum Jahreswechsel gehalten – ursprünglich sollten damit die Dämonen des alten Jahres vertrieben werden. Wie Andreas- und Thomasnacht ist auch die Silvesternacht eine wichtige Orakelnacht – die einzige, in der heute noch allgemein „in die Zukunft geschaut" wird. Zum Bleigießen wurde früher auch Wachs verwendet, beliebt waren auch das Apfelschalenorakel, Kartenlegen und viele andere Orakel. Auch das Wetter am Silvestertag sollte das des nächsten Jahres anzeigen: Wind von Osten deutete auf ein gutes Obstjahr hin, Wind von Westen bedeutete viel Milch und Fische, Nordwind dagegen Sturm und Kälte. Mit dem Verhalten am letzten Tag des Jahres schließlich konnte man seinem Glück und Wohlstand auf die Sprünge helfen: Wer das Herdfeuer nicht ausgehen ließ, würde im ganzen Jahr Wärme und Essen haben, und wenn von allen Silvesterspeisen ein Rest bis Neujahr bleibe, dann werde das Essen im neuen Jahr nicht ausgehen.

Impressum

Originalausgabe

Der Wilhelm Heyne Verlag ist ein Verlag der
Verlagsgruppe Random House GmbH
www.heyne.de

Wichtiger Hinweis:
Das vorliegende Buch ist sorgfältig erarbeitet worden. Dennoch erfolgen alle Angaben ohne Gewähr. Weder die Autoren noch der Verlag können für eventuelle Schäden, die aus den im Buch gegebenen Hinweisen resultieren, eine Haftung übernehmen.

Bildnachweis:
Catherine Avak, München: S. 3, 44, 130, 160, 190; Digital Vision: S. 56, 70, 114, 144, 174; Lavendelfoto, Hamburg (Gerhard Höfer): S. 30; Ute Schüttfort, Hamburg: S. 86, 100

Redaktion: Judith Kumpfmüller, Dorothea Steinbacher
Layout, Satz, DTP: AVAK Publikationsdesign, München
Coverdesign: Lore Wildpanner, München unter Verwendung eines Fotos von Premium, Düsseldorf
Druck und Verarbeitung: Westermann Druck, Zwickau

Printed in Germany

Gedruckt auf chlor- und säurefreiem Papier

ISBN-10: 3-453-12055-8
ISBN-13: 978-3-453-12055-6